Berichte aus dem Institut für Baumaschinen und Baubetrieb

Volker Kauw

Optimierung des Einsatzes von Hochdruck-Wasserstrahl-Systemen bei der Betonuntergrundvorbereitung

D 82 (Diss. RWTH Aachen)

Shaker Verlag
Aachen 1996

Die Deutsche Bibliothek - CIP-Einheitsaufnahme

Kauw, Volker:
Optimierung des Einsatzes von Hochdruck-Wasserstrahl-Systemen bei der Betonuntergrundvorbereitung / Volker Kauw. - Als Ms. gedr. -
Aachen : Shaker, 1996
   (Berichte aus dem Institut für Baumaschinen und Baubetrieb)
   Zugl.: Aachen, Techn. Hochsch., Diss., 1996
ISBN 3-8265-1860-8

Copyright Shaker Verlag 1996
Alle Rechte, auch das des auszugsweisen Nachdruckes, der auszugsweisen oder vollständigen Wiedergabe, der Speicherung in Datenverarbeitungsanlagen und der Übersetzung, vorbehalten.

Als Manuskript gedruckt. Printed in Germany.

ISBN 3-8265-1860-8
ISSN 1432-1688

Shaker Verlag GmbH • Postfach 1290 • 52013 Aachen
Telefon: 02407 / 95 96 - 0 • Telefax: 02407 / 95 96 - 9
Internet: www.shaker.de • eMail: info@shaker.de

Vorwort

Beton, der lange Zeit als nahezu unverwüstlich und entsprechend langlebig galt, zeigt sich unter den wachsenden Umweltbelastungen als zunehmend angreifbar, besonders, wenn dies durch Planungs- oder Ausführungsfehler bei seiner Herstellung begünstigt wird. Bei Bauwerken aus Stahl- und Spannbeton ist dann vor allem die Bewehrung gefährdet und mit ihr die Standsicherheit.

Instandsetzungsmaßnahmen an Betonbauwerken haben in den letzten Jahren an Zahl und Umfang zugenommen und damit auch an wirtschaftlicher Bedeutung gewonnen. Die Brückenbauverwaltungen beispielsweise haben wachsende Anteile ihrer Budgets in Maßnahmen zur Instandhaltung und Instandsetzung der im Freien besonders gefährdeten Bauwerke investieren müssen. Viele vor allem kleinere und mittelständische Unternehmen haben sich deshalb inzwischen auf Instandsetzungsmaßnahmen für Betonbauwerke spezialisiert.

Für die Untergrundvorbereitung, die der erste Schritt von Therapiemaßnahmen ist, wird immer häufiger der Hochdruckwasserstrahl als Werkzeug eingesetzt, der gegenüber herkömmlichen Werkzeugen eine Reihe wesentlicher Vorteile hat, wie seine Verschleißfreiheit, die Schonung der Bewehrung und die durch den selektiven Abtrag optimale Vorbereitung des Untergrundes.

Am Institut für Baumaschinen und Baubetrieb werden seit acht Jahren Techniken und Verfahren entwickelt, die den Hochdruckwasserstrahl als Werkzeug benutzen. Das Ergebnis der grundlegenden Untersuchungen der Einflußparameter und Wirkmechanismen beim Abtrag mit dem Hochdruckwasserstrahl hat 1991 in der Arbeit von Werner Niederschlag gefunden.

In der vorliegenden Arbeit geht der Verfasser den Besonderheiten und vielfältigen Materialparametern beim Abtrag von Beton nach, fragt nach dem Einfluß der Betonfestigkeit und ihrer Verteilung in der zu bearbeitenden Fläche, der Zusammensetzung der Zuschläge und der Art des Zuschlags und, mit dieser Systematik erstmalig, nach dem Einfluß der Bewehrung. Dazu werden annähernd 1 500 Labor- und Baustellenversuche durchgeführt und ausgewertet.

Die Arbeit endet mit der baupraktischen Umsetzung der Untersuchungsergebnisse, die sowohl für die Ausschreibung wie für Angebot und Ausführung von Leistungen zur Untergrundvorbereitung bei Instandsetzungsmaßnahmen von Beton eine Reihe wichtiger, neuer Hinweise enthält. Niemand dürfte in Zukunft mehr einen ebenen Untergrund vertraglich fordern oder akzeptieren, weil der mit dem Hochdruckwasserstrahl nicht hergestellt werden kann; Unebenheiten in der Größenordnung der Soll-Abtragstiefen sind beim Einsatz des Hochdruckwasserstrahls systemimmanent.

Die Arbeit entstand in den Jahren 1994 bis 1996 während der Tätigkeit des Verfassers am Institut für Baumaschinen und Baubetrieb der RWTH Aachen im Rahmen eines vom Deutschen Beton-Verein E.V. über die Arbeitsgemeinschaft industrieller Forschungsvereinigungen "Otto von Guericke" e.V. (AiF) mit Mitteln des Bundesministers für Wirtschaft geförderten Forschungsvorhabens.

Univ-Prof. Dipl.-Ing. Johannes Dornbusch

Vorwort des Verfassers

Mein Dank gilt all denen, die mich bei der Erstellung dieser Arbeit unterstützt haben.

Mein besonderer Dank gilt dem Team wissenschaftlicher Hilfskräfte des Instituts für Baumaschinen und Baubetrieb der RWTH Aachen, die Herren Patrick Bendzin, Peter Doetsch, Thomas Fiedler, Günther Metternich, Christian Schwab und Stefan Zimmermann, die durch ihren unermüdlichen Einsatz an der erfolgreichen Abwicklung des Forschungsprojektes beteiligt waren.

Entscheidend hat auch Herr Kai Röller durch die Erstellung des Auswertungsprogramms zum Gelingen dieser Arbeit beigetragen.

Die folgenden Firmen haben mich durch die Bereitstellung von Material, Gerät und durch ihren fachlichen Rat bei meiner wissenschaftlichen Arbeit unterstützt:

    Bauunternehmung Grünzig GmbH, Aachen
    Hamacher Maschinenbau GmbH, Aachen
    HDW-Hochdruckwassertechnik GmbH, Freiburg
    Hochdrucktechnik Weigel GmbH, Mellrichstadt
    HOCHTIEF AG, Essen
    HORGA GmbH, Niddatal
    TFB Transport- und Frischbeton Betriebsgesellschaft mbH & Co. KG, Aachen
    Umwelttechnik Lindenschmidt, Kreuztal-Krombach
    Wayss & Freytag AG, Hamburg
    WOMA Apparatebau GmbH, Duisburg.

Auch ihnen gilt mein besonderer Dank.

INHALTSVERZEICHNIS Seite

1. **Einführung** 1

1.1 Einleitung 1
1.2 Problemstellung 1
1.3 Zielsetzung 4
1.4 Themenabgrenzung 5

2. **Kenntnisstand und Literaturauswertung** 6

2.1 Einsatz von Hochdruckwasserstrahl-Systemen 6
2.2 Gründe für Betoninstandsetzungen 7
2.3 Einsatzmöglichkeiten des Hochdruck-Wasserstrahls 10
2.4 Aktueller Stand der HDWS-Gerätetechnik 13
2.5 Abtrags- und Wirkmechanismen 16
2.5.1 Der reine, kontinuierliche Hochdruckwasserstrahl 17
2.5.2 Materialabtrag durch reine, kontinuierliche Wasserstrahlen 18
2.6 Systemparameter 20
2.6.1 Strahlparameter 20
2.6.1.1 Wasserdruck und Strahlgeschwindigkeit 21
2.6.1.2 Volumenstrom und Düsendurchmesser 23
2.6.1.3 Strahlleistung 24
2.6.1.4 Düsengeometrie und Düsenbauart 24
2.6.2 Betriebsparameter 25
2.6.2.1 Strahlabstand 25
2.6.2.2 Vorschubgeschwindigkeit 26
2.6.2.3 Anzahl der Übergänge 26
2.6.2.4 Strahlwinkel 27
2.6.2.5 Strahlbewegung 28
2.6.2.6 Versatz 29

Seite

2.7	Materialparameter	29
2.7.1	Druck- und Biegezugfestigkeit	30
2.7.2	Sieblinie und Größtkorn	30
2.7.3	Wasser-Zement-Wert	31
2.7.4	Zementgehalt und Feinsandanteil	32
2.7.5	Porosität	32
2.7.6	Zuschlagart	32
2.7.7	Betonalter	32
2.7.8	Bewehrung	32
3.	**Vorversuche und Festlegung der Versuchsparameter**	**34**
3.1	Auswahl der Versuchsparameter	34
3.2	Strahlparameter	36
3.2.1	Wasserdruck	37
3.2.2	Düsendurchmesser	38
3.2.3	Strahlleistung	40
3.3	Betriebsparameter	40
3.3.1	Vorschubgeschwindigkeit	40
3.3.2	Anzahl der Übergänge	41
3.3.3	Strahlabstand	43
3.3.4	Strahlwinkel	43
3.3.5	Strahlbewegung	44
3.4	Materialparameter	46
3.4.1	Betonfestigkeitsklasse / Betonfestigkeit	48
3.4.2	Sieblinie / Zuschlaggrößtkorn	50
3.4.3	Wasser-Zement-Wert	50
3.4.4	Zementgehalt	50
3.4.5	Zuschlagart	50
3.4.6	Betonalter	50
3.4.7	Bewehrung	51

Seite

3.4.8	Karbonatisierung	51
3.4.9	Chloridbelastung	52
3.4.10	Vorzeitiges Austrocknen der Oberfläche nach Betonherstellung	54
3.4.11	Lagerung bei Normklima	55
3.5	Parameterreduzierung	55
4.	**Labor- und Baustellenversuche an Beton und Stahlbeton**	**57**
4.1	Laborversuche	57
4.1.1	Probekörper	57
4.1.1.1	Festigkeitsklassen	60
4.1.1.2	Karbonatisierung	60
4.1.1.3	Chloridbelastetung	61
4.1.1.4	Wärmebehandlung	62
4.1.1.5	Lagerung bei Normklima	62
4.1.1.6	Bewehrung	62
4.1.2	HDWS-Versuchseinrichtung	65
4.1.2.1	Druckerzeugung	65
4.1.2.2	HDWS-Versuchsstand	69
4.1.3	Durchführung der Laborversuche	77
4.2	Baustellenversuche	79
4.2.1	Auswahl der Baustellen	79
4.2.2	Materialkenngrößen des Baustellenbetons	80
4.2.3	Durchführung der Baustellenversuche	80

Seite

5.	**Versuchsauswertung**	**81**
5.1	Meßergebnisse	81
5.1.1	Bestimmung der Kerbtiefe	82
5.1.2	Bestimmung der Kerbbreite	84
5.1.3	Bestimmung des Kerbvolumens	84
5.2	Beurteilung der Abtragsqualität und des Untergrundes	89
5.2.1	Optische Beschreibung der Abtragsfläche	90
5.2.2	Beurteilung der Rauheit	90
5.2.3	Beurteilung der Ebenheit	91
5.2.4	Rißuntersuchungen	92
5.2.5	Messungen der Oberflächenzugfestigkeit	99
5.3	Auswertungsprogramm	104
5.3.1	Univariate Analyse	105
5.3.2	Streudiagramm	106
5.3.3	Korrelationsanalyse	107
5.3.4	Multiple Regression	108
5.4	Auswertung der Ergebnisse	109
5.4.1	Korrelationsanalysen von Parametergruppen	110
5.4.2	Strahlparameter	115
5.4.2.1	Wasserdruck	115
5.4.2.2	Düsendurchmesser	116
5.4.2.3	Strahlleistung	116
5.4.3	Betriebsparameter	119
5.4.3.1	Vorschubgeschwindigkeit	119
5.4.3.2	Anzahl der Übergänge	121
5.4.3.3	Strahlabstand	123
5.4.3.4	Strahlwinkel	123
5.4.3.5	Strahlbewegung	129
5.4.4	Materialparameter	135
5.4.4.1	Betondruckfestigkeit	135

Seite

5.4.4.2	Sieblinie / Zuschlaggrößtkorn	142
5.4.4.3	Wasser-Zement-Wert	144
5.4.4.4	Zementgehalt	145
5.4.4.5	Zuschlagart	145
5.4.4.6	Betonalter	147
5.4.4.7	Bewehrung	150
5.4.4.8	Karbonatisierung	155
5.4.4.9	Chloridbelastung	157
5.4.4.10	Vorzeitiges Austrocknen in der Erhärtungsphase	159
5.4.5	Regressionsanalysen	161

6. Baupraktische Umsetzung   **169**

7. Zusammenfassung   **176**

LITERATUR   **183**

ANLAGEN

Inhalt

VERZEICHNIS DER ANLAGEN   Seite

Anlage 1	Durchflußmengenmessungen	A 1
Anlage 1	Strahlleistung	A 3
Anlage 2	Bezugsgerade W	A 5
Anlage 2	Rückprallwerte / berechnete Betondruckfestigkeiten	A 7
Anlage 3	Materialparameter	A 10
Anlage 4	Versuche auf Baustellen	A 14
Anlage 5	Verfahren zur Kerbvolumen-Messung	A 15
Anlage 6	Optische Beschreibung der Abtragsflächen	A 18
Anlage 7	Oberflächenzugprüfungen	A 19
Anlage 8	Beispiele für statistische Auswertungen	A 20
Anlage 9	Untersuchungen zur Strahlbewegung	A 25
Anlage 10	Parameterlisten (Band II)	A 27

ABBILDUNGSVERZEICHNIS Seite

Abbildung	1	Ursachen für Betonschäden	9
Abbildung	2	Abgrenzung der Begriffe beim Einsatz von HDWS	11
Abbildung	3	Strahlstruktur des Freistrahls	17
Abbildung	4	Systemparameter	21
Abbildung	5	Strahlwinkel-Einstellungen	27
Abbildung	6	Arten der Strahlbewegung	28
Abbildung	7	Strahlbewegung oszillierend / rotierend	45
Abbildung	8	Karbonatisierungszustände	52
Abbildung	9	Chloridkorrosion	53
Abbildung	10	Parameterreduzierung	56
Abbildung	11	Systemschalungen	59
Abbildung	12	Stahlbeton-Probekörper	60
Abbildung	13.1	Bewehrungsvarianten	63
Abbildung	13.2	Bewehrungsvarianten	64
Abbildung	14	Druckerzeuger S 2000	67
Abbildung	15	Druckerzeuger 325 Z P 26	68
Abbildung	16	HDWS-Versuchsstand	71
Abbildung	17	Versuchsstand in aufgebautem Zustand	72
Abbildung	18	Lanzenhalterung Pendelbetrieb	74
Abbildung	19	Lanzenhalterung Rotationsbetrieb	75
Abbildung	20	Bedienpult des HDWS-Versuchsstandes	76
Abbildung	21	Abtragsformen	78
Abbildung	22	Meßgrößen	81
Abbildung	23	Mechanische Tiefenmeßeinrichtung	83
Abbildung	24	Kerbvolumenbestimmung mit Meßsand	87
Abbildung	25	Probenvorbereitung zur Rißuntersuchung	96
Abbildung	26	Anschliffe mit Mikrorissen	97
Abbildung	27	Ergebnisse der Oberflächenzugfestigkeitsmessungen	101
Abbildung	28	Korrelation zwischen Materialparametern und Kerbtiefe	112
Abbildung	29	Korrelation zwischen Materialparametern und Kerbtiefe	112
Abbildung	30	Korrelation zwischen Materialparametern und Abtragsrate	113

Seite

Abbildung	31	Korrelation zwischen Materialparametern und Abtragsrate	113
Abbildung	32	Korrelation zwischen Systemparametern und Kerbtiefe	114
Abbildung	33	Korrelation zwischen Systemparametern und Abtragsrate	114
Abbildung	34	Korrelation zwischen Systemparametern und Abtragsrate	115
Abbildung	35	Abhängigkeit der Kerbtiefe von der Strahlleistung	118
Abbildung	36	Abhängigkeit der Abtragsrate von der Strahlleistung	118
Abbildung	37	Zusammenhang zwischen Kerbtiefe, Vorschub und Anzahl der Übergänge	120
Abbildung	38	Zusammenhang zwischen Abtragsrate, Vorschub und Anzahl der Übergänge	120
Abbildung	39	Zusammenhang zwischen den mittleren Kerbtiefen, der Anzahl der Übergänge und der Vorschubgeschwindigkeit	122
Abbildung	40	Zusammenhang zwischen den mittleren Abtragsraten, der Anzahl der Übergänge und der Vorschubgeschwindigkeit	122
Abbildung	41	Abtragsergebnisse auf unbewehrtem Beton bei Einstellung eines Strahlwinkels	124
Abbildung	42	Abtragsergebnisse auf bewehrtem Beton bei Einstellung eines Strahlwinkels	125
Abbildung	43	Abtragsergebnisse auf bewehrtem Beton mit chlorid-induzierter Schädigung bei Einstellung eines Strahlwinkels	127
Abbildung	44	Vergleich der Kerbtiefenergebnisse bei unterschiedlichen Strahlbewegungen	131
Abbildung	45	Abtragsergebnisse bei unterschiedlicher Strahlbewegung	133
Abbildung	46	Kerbtiefen bei unterschiedlichen Betondruckfestigkeiten	137
Abbildung	47	Abtragsraten bei unterschiedlichen Betondruckfestigkeiten	138
Abbildung	48	Einfluß der Betonfestigkeit auf die Kerbtiefe differenziert nach bewehrtem und unbewehrtem Beton	140
Abbildung	49	Kerbtiefen bei unterschiedlichen Rückprallwerten	140
Abbildung	50	Kerbtiefen bei unterschiedlichen Rückprallwerten differenziert nach bewehrtem und unbewehrtem Beton	141
Abbildung	51	Einfluß des Größtkorndurchmessers auf die Abtrags-ergebnisse bei einer Kerbbreite von $b_K \cong 22$ mm	143
Abbildung	52	Einfluß des Größtkorndurchmessers auf die erzielbare Kerbtiefe bei einer Kerbbreite von $b_{Kmax} = 5$ mm	144

Seite

Abbildung	53	Einfluß der Zuschlagart auf die Abtragsergebnisse	146
Abbildung	54	Einfluß des Betonalters auf die Kerbtiefe	148
Abbildung	55	Einfluß des Betonalters auf die Abtragsrate	148
Abbildung	56	Auswirkung von Bewehrung und Betondeckung auf die Abtragsergebnisse	151
Abbildung	57	Auswirkung von Bewehrung, Betondeckung und Anzahl der Übergänge auf die Kerbtiefe	151
Abbildung	58	Auswirkung von Bewehrung und Betondeckung auf die Abtragsergebnisse bei unterschiedlichen Betonfestigkeiten	153
Abbildung	59	Einfluß von höherem Bewehrungsgrad auf die Abtragsergebnisse	154
Abbildung	60	Einfluß von Karbonatisierung auf das Abtragsergebnis	156
Abbildung	61	Einfluß chloridinduzierter Korrosion auf die Abtragsergebnisse	158
Abbildung	62	Einfluß mangelnder Festigkeit der äußeren Betonschicht auf die Abtragsergebnisse	160
Abbildung	63	Lineare multiple Regression zur Feststellung funktionaler Zusammenhänge zwischen Prozeßparametern und Kerbtiefenergebnissen	162
Abbildung	64	Lineare multiple Regression zur Feststellung funktionaler Zusammenhänge zwischen Prozeßparametern und Kerbtiefenergebnissen	163
Abbildung	65	Lineare multiple Regression zur Feststellung funktionaler Zusammenhänge zwischen Prozeßparametern und Kerbtiefenergebnissen	164
Abbildung	66	Lineare multiple Regression zur Feststellung funktionaler Zusammenhänge zwischen Prozeßparametern und Abtragsratenergebnissen.	165

TABELLENVERZEICHNIS   Seite

Tabelle	1	Prozeßparameter	3
Tabelle	2	Zusammenstellung der System- und Materialparameter	35
Tabelle	3	Betondruckfestigkeiten vorzeitig ausgetrockneter Proben	54
Tabelle	4	Chlorideindringtiefen	61
Tabelle	5	Auswertung der Rißzahlen	98
Tabelle	6	Ergebnisse der Oberflächenzugfestigkeitsmessungen	102

BEGRIFFE

Abtragsrate bzw. Volumen-Abtragsrate
Abgetragenes Volumen je Zeiteinheit

Belastungszeit
Die Zeit, in der ein Ort der Oberfläche einem erhöhten äußeren Druck ausgesetzt ist. Vereinfachend gilt $t = d/u$ /5/.

Betriebsparameter
Einstellparameter auf der Seite des Düsenführungssystems. Dazu zählen:
- Vorschub der Düse in allen Bearbeitungsrichtungen,
- Vorschubgeschwindigkeit der Düse in allen Bearbeitungsrichtungen,
- Strahlwinkel in Vorschubrichtung,
- Strahlwinkel quer zur Vorschubrichtung,
- Strahlabstand,
- Strahlbewegung (rotierden, oszillierend, ...).

Düsenführungssystem
Einrichtung zur Führung der Wasserstahldüse, z. B. Abtragsroboter.

Hochdruckwasserstrahl (HDWS)
Wasserstrahl großer Geschwindigkeit, der in einer Düse bestimmten Durchmessers aus Wasser hohen Druckes erzeugt wird /5/. Korrekt wäre die Bezeichnung "Hochgeschwindigkeitswasserstrahl", die Bezeichnung "Hochdruckwasserstrahl" ist aber allgemein in der Literatur eingeführt und soll auch hier weiter verwendet werden.

Kerbtiefe
Mittlere Tiefe der nach einer Überfahrt mit dem Wasserstrahl entstandenen Abtragskerbe.

Kerbvolumen
Volumen des nach einer oder mehreren Überfahrten mit dem Wasserstrahl entstandenen Kerbe. Entspricht dem Volumenverlust durch den Wasserstrahleinsatz.

primäre Wirkmechanismen
Von den Strahlparametern erzeugte Abtragswirkungen.

Schwelldruck
    Diejenige Materialbelastung, unterhalb derer ein meßbarer Materialabtrag oder eine meßbare Verformung nicht stattfindet. Als Schwelldruck wird der Pumpendruck bezeichnet, bei dem sich erstmalig eine meßbare Verformung oder ein Abtrag unter Bohrversuchsbedingungen einstellt /5/.

sekundäre Wirkmechanismen
    = Betriebsparameter

spezifische Abtragsenergie
    Strahlenergie, die zum Abtrag einer Volumeneinheit erforderlich ist.

Strahlgut
    Mit dem Strahlmittel, hier Wasser, bearbeitetes Material, z.B. Beton.

Strahlparameter
    Einstellparameter auf der Seite der Druckerzeugereinheit. Dazu zählen:
    - Druck bzw. Strahlgeschwindigkeit,
    - Düsendurchmesser und daraus folgend der Strahldurchmesser,
    - Wasserdurchflußmenge,
    - Strahlleistung,
    - Strahlzerfall,
    - Strahlaufweitung.

Strahlschatten
    Nach dem Wasserstrahlabtrag hinter der Bewehrung zurückbleibender Beton, der vom Wasserstrahl nicht entfernt wurde.

Systemparameter
    Die Summe der zur Systemsteuerung erforderlichen Einstellparameter, Strahl- und Betriebsparameter.

Prozeßparameter
    Summe aller am Reinigungs-, Aufrauhungs- und Abtragsprozeß beteiligten Parameter. Summe der System- und Materialparameter.

BEZEICHNUNGEN

Formelzeichen	Einheit		Bedeutung
	allgem.	im Text	
a	m	mm	Strahlabstand
B	-	-	Bestimmtheitsmaß
b	m	mm	wirksame Strahlbreite
b_K	m	mm	Kerbbreite
d	m	mm	Düsendurchmesser
d_S	m	mm	Durchmesser des Zugstempels
f_o	1/s	1/min	Frequenz des oszillierenden Wasserstrahls
f_r	1/s	1/min	Frequenz des rotierenden Wasserstrahls
h_K	m	mm	Kerbtiefe
l_K	m	cm	Kerblänge
m	kg	kg	Masse
n	-	-	Anzahl der Übergänge
p	Pa	MPa	Druck
P	W	kW	Leistung, Strahlleistung
Q	m³/s	l/min	Volumenstrom, Fördervolumen
R_m	Skt	Skt	mittlerer Rückprallwert
R_y	mm	mm	Profilhöhe /28/
SE_Y	variabel	variabel	Standardfehler der Regressionsfunktion
t	s	s	Zeit
t_B	d	d	Betonalter
u	m/s	cm/s	Vorschubgeschwindigkeit in Längsrichtung
v	m/s	cm/s	Vorschubgeschwindigkeit in Querrichtung
V_K	m³	cm³	Kerbvolumen
V_K	m³/s	cm³/s	Volumenabtragsrate
α	-	-	Ausflußzahl
β_W	N/mm²	N/mm²	Betondruckfestigkeit
calβ_W	N/mm²	N/mm²	berechnete Betondruckfestigkeit
φ	rad	rad	Strahlanstellwinkel in Längsrichtung
γ	rad	rad	Strahlanstellwinkel in Querrichtung

1. Einführung

1.1 Einleitung

Seit Mitte der achtziger Jahre wird die Hochdruckwasserstrahl-Technik (HDWS) im Bauwesen immer häufiger eingesetzt. Sie kommt dabei in den unterschiedlichsten Anwendungsgebieten zum Einsatz. In der Betonbearbeitung zählen dazu Reinigen, Aufrauhen, Abtragen, Schneiden, Bohren und Materialzerkleinerung. Ein großes Aufgabengebiet ist die Betoninstandsetzung, in der die HDWS-Technik zur Betonuntergrundvorbereitung eingesetzt wird. Wegen einer Vielzahl verfahrensspezifischer Vorteile hat die HDWS-Technik in diesem Bereich konventionelle Techniken weitgehend verdrängt.

Am Institut für Baumaschinen und Baubetrieb der RWTH Aachen wird seit mehreren Jahren Forschungsarbeit auf dem Gebiet der HDWS-Technik betrieben. Dabei ging es in erster Linie um die Erkundung der Wirkmechanismen des Hochdruckwasserstrahls beim Materialabtrag von Beton und Mörtel sowie um eine Optimierung des HDWS-Einsatzes.

In der Praxis wird die HDWS-Technik zur Betonuntergrundvorbereitung hauptsächlich von Spezialunternehmen eingesetzt, bei denen oftmals ein reicher Erfahrungsschatz im Umgang mit der Technik vorliegt, gleichzeitig aber ein großes technisch-wissenschaftliches Wissensdefizit auf diesem Gebiet besteht. Dies betrifft hauptsächlich die Kenntnis der technischen Möglichkeiten beim Umgang mit HDWS-Systemen. Dieses Wissensdefizit besteht ebenfalls bei vielen ausschreibenden Stellen.

1.2 Problemstellung

Beim Einsatz der HDWS-Technik in der Betoninstandsetzung wird zur Zeit weitgehend auf Erfahrungswerte zurückgegriffen. Die Bedingungen für einen Einsatz werden mit den Erfahrungen aus vorangegangenen Einsätzen verglichen. Die Systemeinstellung wird aufgrund dieser Erfahrungswerte vorgenommen. Nur selten liegen dem Anwender Detailinformationen über den zu strahlenden Beton vor. In der Regel beschränken sich diese Angaben auf Daten aus der Bauphase des Bauwerks, sofern diese überhaupt noch verfügbar sind. Viele der zu bearbeitenden Betonbauteile sind älter als 20 Jahre. Selbst wenn Unterlagen aus der Bauphase vorliegen, haben sich die Materialeigenschaften des Betons doch im Laufe der Jahre zum Teil stark verändert. Die Betondruckfestigkeit z.b. nimmt im Laufe der Jahre weiter zu /1/. Umwelteinflüsse führen über einen Zeitraum von mehreren Jahren zu Veränderungen des Betons. Gealterter, der Außenluft ausgesetzter Beton ist in der äußeren Schicht karbonatisiert. Die Karbonatisierung verändert die Materialeigenschaften dieser Schicht und hat damit einen Einfluß auf den Wasserstrahlabtrag. Das Eindringen von Chloriden z.B. führt zu Korrosion der Bewehrung und in der Folge zu Gefügestörungen und Auflockerungserscheinungen im Beton. Auch derartige Erscheinungen beeinflussen das Abtragsergebnis beim Einsatz des Hochdruckwasserstrahls. Bei Instandsetzungsmaßnahmen wird deshalb häufig festgestellt, daß die Angaben über Materialparameter aus den Planungsunterlagen der Bauphase keine Aussagekraft über die tatsächlich vor Ort vorgefundenen Verhältnisse besitzen. Aus derartigen Unterlagen können vielfach keine Rückschlüsse auf die reale, aktuelle Beschaffenheit des Bauteils gezogen werden. Alle diese Gründe führen dazu, daß es In der Praxis immer wieder zu Fehleinsätzen kommt, bei denen entweder die kalkulierte Leistung nicht erreicht wird oder die gestellten Anforderungen nicht erfüllt werden können.

Dazu tragen außer fehlenden Informationen über den zu bearbeitenden Beton aber auch mangelnde Fachkenntnisse über die Wirkmechanismen beim HDWS-Einsatz und unzureichende Kenntnis über die Zusammenhänge zwischen den Material- und den Systemparametern (Tabelle 1) bei.

Es liegt eine Anzahl von Untersuchungen vor /2/ /3/ /4/ /5/, die die Wirkmechanismen des Hochdruckwasserstrahls beschreiben. Auch Angaben zum optimalen Systemeinsatz sind zu finden. Die meisten Untersuchungen beruhen auf der Variation der Strahl- und Betriebsparameter. Der Einfluß der Materialparameter des bearbeiteten Betons fand bislang nur in wenigen Fällen Berücksichtigung und diente zumeist der möglichen Übertragung von Ergebnissen, die durch den Wasserstrahl-Einsatz an homogenen Materialien gewonnen wurden. Viele der Materialparameter sind nicht unabhängig variierbar; der Zementgehalt z.B. beeinflußt den Porenraum und die Druckfestigkeit des Betons. Insbesondere der Einfluß des Betonalters und damit verbunden die Einflüsse aus Betonveränderungen durch äußere Einflüsse über die Nutzungsdauer wurden bislang nicht berücksichtigt. Die exakte Ermittlung der Parameterzusammenhänge bedingt sehr aufwendige und langwierige Versuchsreihen, in denen jeweils nur einer der Parameter variiert wird, während die übrigen konstant gehalten werden. Eine Übertragung der an homogenem Strahlgut erzielten Ergebnisse auf die Betonbearbeitung ist nicht möglich. Das Abtragsverhalten von Beton als vergleichsweise sehr inhomogenem, sprödem Material ist äußerst unterschiedlich gegenüber dem Abtragsverhalten von homogenen Materialien.

SYSTEMPARAMETER		MATERIALPARAMETER
STRAHLPARAMETER	BETRIEBSPARAMETER	
Druck Düsendurchmesser	Vorschubgeschwindigkeit Anzahl der Übergänge Strahlabstand Strahlwinkel Strahlbewegung	Betonfestigkeit Zementgehalt Sieblinie Größtkorn w/z-Wert Zuschlagart Zuschlagform Karbonatisierung Chloridbelastung Bewehrung

Tabelle 1: Prozeßparameter bei der HDWS-Bearbeitung.

Viele betonspezifische Materialeinflüsse sind in ihrem Einfluß auf den Erfolg einer HDWS-Maßnahme noch weitgehend unbekannt oder nicht systematisch erfaßt. In der Literatur findet man den Hinweis, daß der Einfluß des Strahlgutes vergleichsweise gering ist /5/. Aussagen von Anwendern stehen dem gegenüber, in denen darüber berichtet wird, daß abhängig davon, welcher Beton auf der Baustelle vorgefunden wird, erheblich unterschiedliche Bearbeitungsergebnisse erzielt werden. Die erreichten Geräteleistungen unterscheiden sich zum Teil erheblich, trotz gleicher

Systemparametereinstellungen. Die durchgeführten Versuchsreihen sollen genaueren Aufschluß über die Zusammenhänge geben.

1.3. Zielsetzung

Ziel der Arbeit ist es, den Einsatz von Hochdruckwasserstrahl-Systemen bei der Betonuntergrundvorbereitung zu optimieren. Zusätzlich sollen neue Erkenntnisse darüber gewonnen werden, in welcher Weise die Materialparameter des Betons die Abtragsergebnisse beim Einsatz des Hochdruckwasserstrahls beeinflussen.

Weiterhin werden Fragestellungen untersucht, die für den effektiven Einsatz und die individuelle Anpassung der HDWS-Technik an spezielle Objektbedingungen bei der Betonuntergrundvorbereitung von Bedeutung sind.

In Labor- und Baustellenuntersuchungen werden dazu folgende materialbedingten Einflüsse auf das Abtragsverhalten untersucht:

- Welchen Einfluß hat das Betonalter und welchen Einfluß haben die durch das Betonalter beeinflußten Materialeigenschaften?
- Welchen Einfluß haben Umwelteinwirkungen, die die Materialeigenschaften beeinflussen wie Karbonatisierung und Chloridbelastung?
- Gibt es Einflüsse aus unterschiedlichen Erhärtungsbedingungen?
- Welchen Einfluß hat die Bewehrung?

Ein weiteres Ziel ist die Erkundung von Zusammenhängen zur Optimierung der Strahlführung. Im Zusammenhang damit werden weitergehende Untersuchungen über die Auswirkungen der *Systemparameter* auf das Abtragsverhalten durchgeführt.

Darüber hinaus wird der Frage nachgegangen, ob durch die hydrodynamische Belastung des Betons Schädigungen in Form von Rissen oder anderen Gefügestörungen in den Betonuntergrund eingetragen werden, die zu einer Traggrundschädigung führen können.

Für den praktischen Einsatz schließlich ist die Fragestellung von Bedeutung, wie das Strahlergebnis zum Ausschreibungszeitpunkt auf der Basis der vorliegenden Angaben für die Materialparameter möglichst genau abgeschätzt werden kann. Die Untersuchungen sollen Aufschluß darüber geben, welche Angaben für eine derartige Abschätzung notwendig sind und welche keinen Beitrag liefern. Der Kostengesichtspunkt wird bei der Ermittlung der Materialkennwerte berücksichtigt. Es ist ein wichtiges Ziel dieser Arbeit, dem Anwender und dem Ausschreibenden möglichst einfach zu ermittelnde Materialkennwerte des zu bearbeitenden Betons zu nennen, die den Wasserstrahlabtrag entscheidend mitbeeinflussen. Es werden darüber hinaus Ausschreibungsempfehlungen gegeben.

1.4 Themenabgrenzung

Es werden ausschließlich Versuche mit reinem, kontinuierlichem Hochdruckwasserstrahl durchgeführt. Abrasivstrahlen wird nicht berücksichtigt. Unberücksichtigt bleibt ebenso das diskontinuierliche Strahlen durch den Einsatz von Strahlzerteilungseinrichtungen.

Die Ursachen und Wirkmechanismen, die zum Materialabtrag durch Hochdruckwasserstrahlen führen, werden ausführlich in der Literatur beschrieben /5/ /6/. Ihre weitere Erkundung ist nicht Gegenstand dieser Arbeit.

Es wird ausschließlich Beton und Stahlbeton als Strahlgut untersucht. Auf die Auswirkungen des HDWS-Einsatzes auf anderes Strahlgut wird nicht näher eingegangen.

2. Kenntnisstand und Literaturauswertung

2.1 Einsatz von Hochdruckwasserstrahl-Systemen

Der Hochdruckwasserstrahl wird als Werkzeug zur Materialbearbeitung in den unterschiedlichsten Einsatzgebieten verwendet. Die Tatsache, daß mit ihm abhängig von den eingestellten Systemparametern jeder beliebige Werkstoff geschnitten und bearbeitet werden kann, hat ihn zu einem universell einsetzbaren Werkzeug in den meisten modernen Industriezweigen gemacht.

In der stationären Industrie werden Werkstücke präzise mit Abrasiv-Wasserstrahlen geschnitten. Das Werkzeug Wasserstrahl bietet dabei den entscheidenden Vorteil, daß die Schnittränder nicht erhitzt werden. Ein weites Einsatzfeld ist die Rohr- und Behälterreinigung. Rückstände können mit reinen Hochdruckwasserstrahlen, d. h. ohne Abrasivzusätze, restlos und ohne eine Gefahr der Beschädigung des Trägermaterials entfernt werden. Ein Beispiel ist der Einsatz von HDWS-Verfahren zur Entlackung von Lackierstraßen in der Automobilindustrie. Abrasiv-Wasserstrahlen wird im Maschinenbau zum Schneiden in explosionsgefährdeter Umgebung eingesetzt.

Im Bauwesen wird die Hochdruckwasserstrahl-Technik in verschiedenen Sparten eingesetzt:

- Betoninstandsetzung,
- Abbruchmaßnahmen,
- Schneiden von Baustoffen,
- Unterstützung beim Einspülen von Spundwänden,
- Unterstützung von Lösewerkzeugen, z.B. beim Tunnelvortrieb,
- Bohren,
- Sonderverfahren, z. B. Fugenausräumung.

2.2 Gründe für Betoninstandsetzungen

Bauwerksinstandsetzungen nehmen in den letzten Jahren immer weiter an Umfang zu. Die meisten großen Bauunternehmen haben eigene Instandsetzungsabteilungen eingerichtet und viele kleinere Unternehmen haben sich auf dieses Feld spezialisiert. Dabei rückt die Tatsache immer mehr ins Blickfeld, daß Instandsetzungsaufgaben keineswegs einfache auszuführende Bauleistungen sind. Sie erfordern vielmehr den Einsatz geschulten Fachpersonals, wie dies mittlerweile in den einschlägigen Richtlinien gefordert wird /7/ /8/. Ein weites Feld nehmen die Maßnahmen der Betoninstandsetzung ein. Der Baustoff Beton, der noch vor einigen Jahrzehnten als nahezu unverwüstlich und extrem dauerhaft galt, zeigt heute eine Vielfalt unterschiedlicher Schadensmerkmale. Die Ursachen für Betonschäden sind vielfältig.

Die Schadensursachen können in verschiedene Gruppen eingestuft werden (Abbildung 1):

Schadensursachen, die vor der Fertigstellung des Bauteils bestehen:

- Planungs- und Konstruktionsfehler
- betontechnologische Ursachen
- Verarbeitungs- und Einbaumängel

Schadensursachen, die nach Fertigstellung des Bauteils überwiegen:

- Umwelteinflüsse
- außerplanmäßige Belastungen

In der Regel ist ein vorliegender Schaden die Folge verschiedener Schadensursachen. Eine eindeutige Zuordnung Schadensursache/Schaden ist daher schwierig.

Die oben genannten Schadensursachen sind die auslösenden Faktoren, zur eigentlichen Schädigungen des Bauteils kommt es durch:

- korrodierenden Bewehrungsstahl (Hauptschädigung)
- treibende Betonkorrosion
- lösende Betonkorrosion
- Betonabplatzungen, Risse und Verbundschwächungen.

Die Schädigung des Betons wird häufig als *Betonkorrosion* bezeichnet. Darunter versteht man die allmähliche Zerstörung des Betons, ausgelöst durch die bereits genannten Schadensursachen.

In einem "gesunden" Beton liegen die Betonstähle in einem alkalischen Milieu. Der pH-Wert liegt bei ca. 13. Dadurch bildet sich an der Stahloberfläche eine Schutzschicht, die sogenannte "Passivschicht" aus, die den Stahl vor Korrosion schützt. Die Korrosion wird solange verhindert, wie diese Schutzschicht nicht depassiviert wird.

Zur Depassivierung kommt es z. B. durch:

- Eindringen von Schadgasen oder
- Eindringen von Chloriden.

Ist der Beton geschädigt, so werden Instandsetzungsmaßnahmen erforderlich. Der erste Schritt einer derartigen Maßnahme ist stets die Betonuntergrundvorbereitung, deren Ziel die Schaffung eines tragfähigen Untergrundes für die Applikation eines Instandsetzungssystems ist. Je nach dem Schädigungsgrad kann der Umfang der Instandsetzungsmaßnahmen von einfachen optischen Ausbesserungen bis hin zur tiefgreifenden Beseitigung geschädigten Betons reichen.

Kenntnisstand / Literaturauswertung   Seite 9

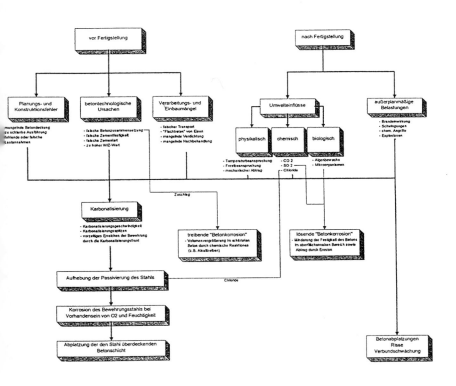

Abb. 1:   Ursachen für Betonschäden.

Umfangreiche Instandsetzungsmaßnahmen werden z.B. immer dann erforderlich, wenn eine Bauteilschädigung durch Chloridangriff vorliegt. In diesem Falle muß in der Regel der gesamte chloridbelastete Beton abgeschält werden, wenn keine speziellen Maßnahmen zum Schutz des Betonstahls ergriffen werden, wie z.B. kathodischer Korrosionsschutz oder die elektrochemische Chloridentfernung. Eine klassische Aufgabe für den HDWS-Einsatz. Ein Vorteil des HDWS-Einsatzes ist hier, daß die chloridbelasteten Betonstähle durch den Wasserstrahl "abgewaschen" werden und wieder in das Instandsetzungssystem integriert werden können.

2.3 Einsatzmöglichkeiten des Hochdruckwasserstrahls

Im Rahmen von Betoninstandsetzungsarbeiten werden HDWS-Verfahren für die Betonuntergrundvorbereitung oder zum Schneiden oder Abbrechen von Beton eingesetzt. Bei den Betonuntergrundvorbereitungsmaßnahmen unterscheidet man zwischen Reinigung, Aufrauhung und Abtrag von Beton (Abbildung 2). Das flächige Abtragen von Beton mittels HDWS ist ein Sonderfall des Schneidens. Schneiden ist die Herstellung einer Einzelkerbe; flächiger Abtrag ist die Aneinanderreihung von Einzelkerben. Das Schlitzen von Bauteilen ist ein Sonderfall mit dem Ziel, in die erzeugten Schlitze verstärkende Bewehrung einzubauen. Bohren und Spalten mittels HDWS kommen z.b. im Bergbau zum Einsatz und sind nicht Gegenstand der Untersuchungen.

Bei der Reinigung werden auf der Betonoberfläche haftende artfremde Stoffe entfernt. Dazu zählt die Entfernung von Schmutz und Beschichtungsstoffen. Die Maßnahme dringt nicht in die Betonsubstanz ein. Die Aufrauhung dringt etwa bis zu einer Tiefe von 3 mm in den Beton ein und betrifft die Feinmörtelzone der Betonoberflächenschicht. Dabei werden auch arteigene Stoffe des Betons entfernt, z.B. die Zementhaut. Der Abtrag ist in seiner Tiefenwirkung unbegrenzt. Übliche Abtragstiefen sind die Entfernung einer etwa 2 cm starken Schicht, wobei die Bewehrung nicht vollständig freigelegt wird, die Entfernung einer etwa 3 bis 5 cm starken Schicht, wobei die erste Bewehrungslage vollständig freigelegt wird, und die Entfernung einer bis zu 10 cm starken Schicht, die die Grenze dessen darstellt, was mit modernem Gerät in einem Übergang planmäßig abgetragen werden kann. Je nach der Einstellung der Systemparameter und der vorliegenden Materialparameter können vereinzelt wesentlich höhere Werte erreicht werden, die aber nicht als repräsentativ anzusehen sind. Beim Abtrag chloridbelasteten Betons an einem Bauwerk in New South Wales, Australien, wurde z.B. mit einem Abtragsroboter eine Abtragstiefe von 700 mm in einem Übergang erreicht /11/. Eine klare Abgrenzung der genannten Begriffe ist in der Praxis nicht durchführbar, da die Grenzen fließend sind.

Kenntnisstand / Literaturauswertung   Seite 11

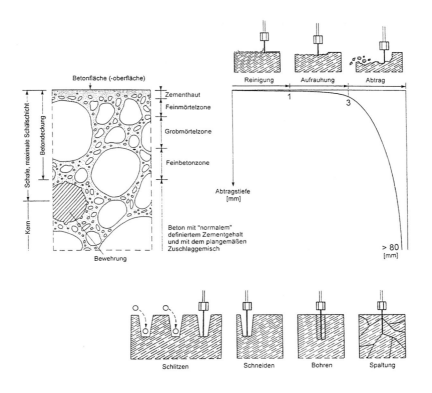

Abb. 2:   Begriffsabgrenzung der Einsatzziele beim Einsatz von HDWS-Systemen.

Der Einsatz von Hochdruckwasserstrahlgeräten bietet gegenüber konventionellen Verfahrenstechniken eine Reihe von Vorteilen:

- Es kommt zu keiner Staubentwicklung.
- Es gibt keinen Eintrag von Körperschall in das bearbeitete Bauteil, Gebäude können so während der Bearbeitung weiter genutzt werden.
- Es werden keine Erschütterungen in das bearbeitete Bauteil eingetragen, wodurch es nicht, wie bei anderen Verfahren, zu Gefügestörungen kommt. Ausgenommen sind hier nur besonders dünne Bauteile, die durch die Wasserstrahlbearbeitung unter Umständen zu Schwingungen angeregt werden können /9/.

- Die Bewehrung wird beim HDWS-Abtrag nicht beschädigt.
- Die Bewehrung wird durch den Wasserstrahl entrostet und erfüllt nach dem Strahlen die Anforderung des Normreinheitsgrades Sa 2, ggf. auch Sa $2^1/_2$ nach DIN 55928.
- Der Betonabtrag ist bis unterhalb der Bewehrung möglich.
- Das Verfahren bietet verglichen mit vielen konkurrierenden Verfahren eine große Flächenleistung.
- Der Betonuntergrund bietet nach dem Strahlen einen ausreichenden Traggrund für die Applikation von Instandsetzungssystemen wie Spritzbeton, PCC- oder PC-Mörtel /10/.
- Das eigentliche Werkzeug, der Wasserstrahl, ist verschleißfrei.
- Beim Abtrag von chloridbelastetem Beton ist Hochdruckwasserstrahlen nach der Richtlinie des Deutschen Ausschuß für Stahlbeton /7/ das einzig zulässige Verfahren zur Säuberung der Betonstähle.
- Der Wasserstrahl arbeitet selektiv, d. h. nach dem Strahlübergang ist der Betonuntergrund weitgehend gleichmäßig fest. Minderfeste Bestandteile werden, in gewissen Grenzen, entfernt.

Einige Verfahrensnachteile seien an dieser Stelle ebenfalls genannt:

- Die Entsorgung des anfallenden Strahlrückstandes, ein Gemisch aus Wasser, Schlamm und Betonrückständen, kann unter Umständen Probleme verursachen.
- Der Einsatz des Verfahrens erfordert vergleichsweise hohe Investitionskosten.
- Der entstehende Betonuntergrund ist relativ uneben. Es ist nicht möglich, einen geometrisch exakten Untergrund zu erzeugen. Auch die planmäßige Erzeugung gebrochenen Zuschlags in der Traggrundfläche ist alleine durch die Wahl der *Systemparameter* nicht möglich.

2.4 Aktueller Stand der HDWS-Gerätetechnik

Eine Unterscheidung der HDWS-Geräte für den Einsatz in der Betoninstandsetzung läßt sich am einfachsten über die Einteilung in verschiedene Druckbereiche durchführen. Es ist jedoch nicht der Systemdruck, sondern die Strahlleistung die das Arbeitsergebnis am besten charakterisierende Größe (siehe Abschnitt 2.6.1.3). Eine Abgrenzung der verschiedenen HDWS-Systeme ist über diese Größe nicht zufriedenstellend möglich. Der Systemdruck ist dafür besser geeignet.

Es muß außerdem unterschieden werden zwischen dem reinen Hochdruckwasserstrahlen und dem Hochdruckwasserstrahlen mit abrasiven Zusatzmitteln. Das HDWS-Abrasiv-Strahlen ist jedoch nicht Gegenstand dieser Untersuchungen.

Es wird eine Einteilung in folgende Bereiche vorgenommen:

- Nieder- und Mitteldruckbereich   0 - 80 MPa
- Hochdruckbereich   80 - 120 MPa
- Höchstdruckbereich   120 - 250 MPa

Diese Einteilung berücksichtigt Herstellerangaben, die eine Differenzierung nach Druckbereichen vornehmen. Eine weitere, stets notwendige Information für die Beurteilung einer Strahlanlage ist die Wasser-Fördermenge. Außerdem ist die Antriebsleistung des Pumpenmotors für die Bemessung einer Strahlanlage eine notwendige Information. Die angegebenen Druckgrenzen sind fließend, Überschneidungen sind möglich.

Geräte für den Nieder- und Mitteldruckbereich

Derartige Geräte werden zum Reinigen und Aufrauhen von Betonoberflächen eingesetzt. Im weitesten Sinne wird dabei auch die Entfernung minderfester Schichten und das Öffnen von Lunkern und Kiesnestern erfaßt, die strenggenommen dem Betonabtrag zuzuordnen sind.

Zu unterscheiden ist das reine Druckwasserstrahlen und das sogenannte Dampfstrahlen, bei dem überhitzter, gespannter Dampf mit Temperaturen bis zu 150°C und Arbeitsdrücken bis 16 MPa auf die zu säubernde Fläche gestrahlt wird. Mit Druckwasserstrahlgeräten bis 40 MPa Arbeitsdruck ist die Entfernung von Schmutzablagerungen, losen Betonschichten und Bewuchs möglich. Ein planmäßiges Aufrauhen des Untergrundes ist nicht möglich. Die Geräte sind relativ klein. Es werden Strahllanzen verwendet, die von Hand geführt werden. Dabei können Einzeldüsen oder rotierende Mehrfachdüsenköpfe eingesetzt werden, die zu einer Steigerung der Flächenleistung führen.

Werden Drücke bis 80 MPa eingesetzt, so ist ein planmäßiges Aufrauhen des Untergrundes möglich.

Geräte für den Hochdruckbereich

Derartige Geräte werden in der Regel zum großflächigen Abtrag bzw. zur großflächigen Aufrauhung von Beton eingesetzt. Charakteristisch ist die im Gegensatz zu den Geräten für den Höchstdruckbereich große geförderte Wassermenge. Sie reicht von etwa 30 l/min bis 250 l/min.

Typische Einsatzbereiche:

- Entfernung von Beschichtungsresten bei gleichzeitiger Aufrauhung der Oberfläche,
- Entfernung minderfesten Oberflächenbetons von Betonfahrbahnen,
- Abschälen von bis zu 10 cm starken Betonschichten in einem Arbeitsgang,
- Abtragen von chloridbelastetem Beton,
- Abbruch von Bauteilen, z.B. Brückenkappen.

Die eingesetzten Geräte lassen sich durch die Art ihrer Düsenführung unterscheiden:

- handgeführte Strahllanzen (Wassermengen bis maximal 40 l/min),
- maschinengeführte Düsenträger mit rotierendem Düsenhalter, sogenannte Drehjets, zum Auswaschen minderfester Bestandteile,
- maschinengeführte Düsenträger mit Traversiereinrichtung (Abtragsroboter) zum Tiefenabtrag,
- maschinengeführte Düsenträger mit Traversiereinrichtung (Abtragsroboter) und rotierendem oder oszillierendem Düsenhalter zum Tiefenabtrag /12/.

Die eingesetzten Pumpen und Antriebsmotoren sind Großgeräte, die zumeist auf Lkw-Fahrgestellen montiert sind. Die Antriebsleistungen können bis zu mehreren hundert kW betragen.

Wegen der großen Wassermenge werden die Rückstoßkräfte an den Düsenhaltern so groß, daß diese an Maschinen geführt werden müssen. Die Führungsmaschinen können Lkw oder speziell für diesen Zweck konstruierte Abtragsroboter sein /12/ /13/ /14/ /15/. Auch Bagger- oder Kranausleger können als Führungsgeräte eingesetzt werden, wenn z.B. überhängende Bauteile bearbeitet werden müssen.

Die Druckerzeuger für den Hochdruckbereich stellen keine hohen Anforderungen an die Wasserqualität. Sie können vielfach mit örtlichen Bachläufen entnommenem Flußwasser gespeist werden, das grob gefiltert wird.

Geräte für den Höchstdruckbereich

Derartige Geräte werden in der Regel zum linienhaften Abtrag von Beton oder zum Reinigen und Aufrauhen von Betonoberflächen eingesetzt. Die maximale Wasserfördermenge liegt für diese Geräte bei ca. 25 l/min. Häufig genutzt werden die Geräte bei Betoninstandsetzungen im Hochbau, da hier das geringere eingesetzte Fördervolumen ein großer Verfahrensvorteil ist.

Typische Einsatzbereiche:

- flächiges Reinigen und Aufrauhen, evtl. mit integrierter Absaugung,
- Entfernung von Beschichtungen,
- Freischneiden von einzelnen Bewehrungstählen,
- Schneiden von Durchbrüchen (i. d. R. mit Abrasivmittel-Zugabe),
- Trennschnitte in Bauteilen (i. d. R. mit Abrasivmittel-Zugabe).

Für Schneidarbeiten werden große Einzeldüsen, für Reinigungs- und Aufrauharbeiten Rotordüsenhalterungen eingesetzt. Wegen der relativ geringen Wasserdurchflußmengen werden für Reinigungs- und Aufrauharbeiten auch Geräte mit integrierten Absaugvorrichtungen eingesetzt, die aber nur auf ebenem Untergrund eingesetzt werden können.

Im Rahmen der Versuchsreihen, die die Grundlage dieser Arbeit bilden, wurden Systeme aus dem Hoch- und dem Höchstdruckbereich eingesetzt.

2.5 Abtrags- und Wirkmechanismen

In der Literatur werden einige Untersuchungen zu den Abtrags- und Wirkmechanismen beim Einsatz von HDWS-Systemen beschrieben /2/ /5/ /6/ /13/ /16/ /17/ /18/ /19/ /20/.

Zur Charakterisierung des Wasserstrahlabtrags werden die meßbaren Kenngrößen Volumenabtrag/Massenabtrag, Volumenabtragsrate/Massenabtragsrate (zeitbezogener Volumenabtrag/Massenabtrag), Kerbtiefe und Kerbbreite eingesetzt. Zur Beurteilung der Abtragsqualität können außerdem das Erscheinungsbild der Kerbflächen und das Erscheinungsbild und die Festigkeit des erzeugten Kerbgrundes herangezogen werden. Faktoren wie die Ebenheit des Untergrundes, der Anteil an freigelegtem Zuschlagkorn und der Anteil an gebrochenem Zuschlag in der Traggrundfläche sind von Bedeutung für die Beurteilung des Traggrundes.

2.5.1 Der reine, kontinuierliche Hochdruckwasserstrahl

Der Arbeit verrichtende Wasserstrahl ist ein äußerst komplex aufgebautes Werkzeug. Die Untersuchung seiner Beschaffenheit führt zu einem Belastungskollektiv, das sich aus statischen und dynamischen Anteilen zusammensetzt. Die Abbildung 3 zeigt die Struktur des reinen, kontinuierlichen Hochdruckwasserstrahls. Im Kernbereich des Strahls herrscht ein statischer Staudruck vor, während im Randbereich die dynamischen Kräfte der Stoßimpulse aus Einzeltropfen-Flüssigkeitsschlägen überwiegen. Mit wachsendem Strahlabstand nimmt der Anteil der dynamischen Beanspruchung des Randbereiches zu. Hinzu kommen innerhalb des "Belastungskollektivs Wasserstrahl" Beanspruchungen aus Erosion, Kavitation und Abrasion in

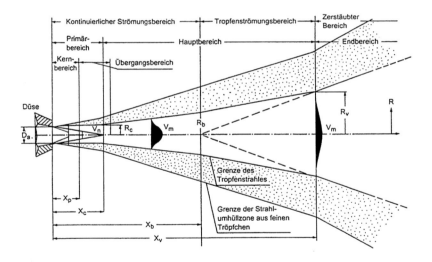

·Abb. 3: Strahlstruktur des Freistrahls nach /21/.

der unmittelbaren Umgebung des Strahlauftreffpunktes. Eine exakte Analyse der Beschaffenheit des Hochdruckwasserstrahls ist nicht Gegenstand dieser Arbeit. Wegen der Größen- und Druckverhältnisse innerhalb des Wirkbereiches des Strahls sind direkte Messungen der einzelnen Zonen äußerst schwierig, wenn nicht unmöglich.

2.5.2 Materialabtrag durch reine, kontinuierliche Wasserstrahlen

Verschiedene Materialien reagieren auf die Belastung durch den Hochdruckwasserstrahl unterschiedlich. Von Interesse ist hier nur das Verhalten spröden Strahlgutes, wozu der Beton zählt. Eine Besonderheit des Strahlgutes Beton ist seine Inhomogenität. Die einzelnen Bestandteile des Mehrstoffgemisches Beton mit ihren verschiedenen mechanischen Eigenschaften verhalten sich unterschiedlich bei Belastung durch HDWS. Die Belastungsfläche, auf die der Wasserstrahl wirkt, ist sehr klein, sie hat nur eine Ausdehnung von wenigen Quadratmillimetern. Sieht man vom Bohrversuch ab, so sind auch die Belastungszeiten beim Einsatz von Hochdruckwasserstrahlen sehr gering. Es wird deutlich, daß die makroskopischen Kennwerte, die zur Beschreibung von Betonen dienen, keine ausreichende Information zur Beschreibung des Abtrags durch den Hochdruckwasserstrahl liefern können, da diese in der Regel keine ausreichenden Aussagen über mikroskopische Strukturen im Wirkungsbereich des Wasserstrahls liefern.

In grober Näherung kann der Abtragsmechanismus beim Abtrag von Beton wie folgt beschrieben werden: Nach Überschreitung eines materialspezifischen Schwelldruckes, der bei Beton zwischen 25 und 35 MPa liegt /5/, kommt es im Untergrund zu einer ersten Rißbildung. Zur Rißinitiierung kommt es durch den großen Druckgradienten am Auftreffpunkt des HDWS mit hohen Zugspannungen an der Materialoberfläche. Nach Überschreitung der Materialzugfestigkeit entstehen Risse. Eine Aufweitung und Ausbreitung dieser Risse wird durch hydrodynamische und hydrostatische Druckverstärkungsprozesse verursacht. Verstärkt werden diese Prozesse durch das mit hoher Geschwindigkeit radial abfließende Wasser. Es führt infolge Reibungs- und Kavitationserscheinungen ebenfalls zu hohen Oberflächenzugspannungen. Hinzu kommen Abrasionserscheinungen in der Umgebung des Strahlauftreffpunktes durch vom ablaufenden Wasser mitgerissene Strahlgutpartikel. Nach dem Zusammenlaufen der Risse kommt es zum Materialabtrag durch das Herauslösen einzelner Partikel und schließlich zum großflächigen, stufigen Materialabtrag /5/ /6/.

Dieser Abtragsmechanismus führt dazu, daß die erzeugte Oberfläche nach dem Strahlen sehr uneben ist. Es ist nicht möglich, mit hydrodynamischen Verfahren einen kontrollierten geometrischen Abtrag, wie er mit mechanischen Werkzeugen möglich ist, zu erzielen.

Neben den strahlseitigen Wirkmechanismen werden die Strahlwirkung und das Abtragsbild entscheidend von den materialspezifischen und geometrischen Umgebungsverhältnissen am Strahlauftreffpunkt beeinflußt.

Bei Betonen mit höheren Betondruckfestigkeiten besteht eine bessere Einbindung des Zuschlags in die Matrix. Die Rißausbreitung wird hier zum Teil durch Arretierung an den Zuschlagkörnern gehemmt. Der in den Rissen aufgebaute Staudruck ist hier nicht in jedem Falle in der Lage, Spannungswerte zu erzeugen, die eine Rißfortsetzung ermöglichen. Erst die Anhebung der Spannung auf das Niveau des Stoßdruckes, hervorgerufen z.B. durch kurzzeitige Strahlunterbrechungen, führt hier dazu, daß der Riß sich durch das Zuschlagkorn fortsetzt, dessen Festigkeit erheblich über der der Zementmatrix liegt. Es kommt schließlich zu einem kornbrechenden Abtrag und zu erheblich größeren Abplatzungen in der Umgebung des Strahlauftreffpunktes als bei weicheren Betonen, die durch kornrundenden Abtrag mit geringeren Abplatzungen gekennzeichnet sind.

In der Kerbe findet eine Strahlumlenkung statt, durch die die Strahlkraft in Strahlrichtung erheblich vergrößert wird, bei vollständiger Strahlumlenkung theoretisch auf den doppelten Wert. Gleichzeitig kommt es zu Dämpfungseffekten dadurch, daß der Wasserabfluß behindert wird und der Wasserstrahl in ein Wasserpolster hineinstrahlt. Diese Effekte können zum Teil durch gezielte Einstellung der *Systemparameter* genutzt oder ihr Einfluß verringert werden. So kann zum Beispiel das mehrfache Überfahren mit höherer Vorschubgeschwindigkeit bei Beibehaltung der Gesamtbelastungszeit die Bildung des Wasserpolsters reduzieren. Einen ähnlichen Effekt hat die rotierende oder oszillierende Strahlführung, die zu einer Vergrößerung der Kerbbreite führt und damit ebenfalls das Abfließen des Wassers vom Strahlauftreffpunkt begünstigt.

Zusammenfassung:

Die Besonderheiten der Materialbelastung durch den Hochdruckwasserstrahl können wie folgt zusammengefaßt werden:

- Überlagerung statischer und dynamischer Belastungsanteile,
- hohe auftretende Druckgradienten,
- extrem kleine räumliche Ausdehnung des belasteten Bereiches,
- sehr kurze Belastungsdauer,
- sehr hohe Belastungsgeschwindigkeit.

Makroskopische materialspezifische und mechanische Kennwerte lassen keine hinreichende Beurteilung des Widerstandes von Beton gegen die Belastung durch den Hochdruckwasserstrahl zu und erlauben damit keine ausreichende Beschreibung des Abtrages.

2.6 Systemparameter

Beim Einsatz von HDWS-Systemen ist die genaue Kenntnis der *Prozeßparameter* von entscheidender Bedeutung für den effektiven Einsatz. Bei diesen Parametern unterscheidet man zwischen den Strahl-, den Betriebs- und den Materialparametern. Die Strahl- und Betriebsparameter werden zur Systemsteuerung verwendet und als Systemparameter bezeichnet. Sie stehen in Wechselwirkung mit den Materialparametern des bearbeiteten Objektes, also des Strahlgutes und stehen dem Operator zur Abtragssteuerung zur Verfügung. Die Systemparameter sind in Abbildung 4 zusammengefaßt.

2.6.1 Strahlparameter

Unter den Strahlparametern sind die erzeugungsorientierten Systemparameter zu verstehen. Diese Parameter beeinflussen direkt den Wasserstrahl.

Einstellbare Systemparameter
1. Längsvorschub (y)
2. Strahlwinkel in Vorschubrichtung (φ)
3. Strahlwinkel quer zur Vorschubrichtung (γ)
4. Kerbbreite (b_K)
5. Strahlabstand (a)
6. Quervorschub (x)
7. Strahlbewegung
   - oszillierend
   - rotierend
8. Druck (p)
9. Düsendurchmesser (d)

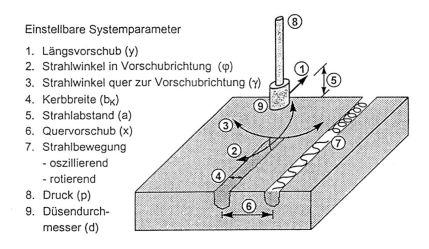

Abb. 4: Systemparameter beim Einsatz der HDWS-Technik.

2.6.1.1 Wasserdruck und Strahlgeschwindigkeit

Der eingesetzte Wasserdruck ist die für den Systembediener offensichtlichste Prozeßgröße. Der Druck ist direkt am Manometer des Druckerzeugers ablesbar. Der Arbeit verrichtende Wasserstrahl wird charakterisiert durch seine Strahlgeschwindigkeit; der in ihm herrschende Druck entspricht in etwa dem Umgebungsdruck. Insofern ist die Bezeichnung Hochdruckwasserstrahl falsch. Da der Begriff jedoch in der Fachwelt eingeführt ist, wird er auch hier weiterhin verwendet. Die Strahlgeschwindigkeit des Wasserstrahls und der Pumpendruck stehen in funktionalem Zusammenhang. Die Strahlgeschwindigkeit nach Verlassen der Düse steigt mit der Wurzel des Systemdruckes an. Vor dem Verlassen der Düse hat das Wasser einen hohen Druck und eine nur geringe Strömungsgeschwindigkeit. Nach dem Ausströmen aus der Düse besitzt der Wasserstrahl eine hohe Strömungsgeschwindigkeit, der Druck hingegen baut sich bis auf den Umgebungsdruck ab.

$$v_2 = \sqrt{\frac{2 \cdot p_1}{\rho}} \qquad (1)$$

mit: v_2 = Strahlgeschwindigkeit nach dem Düsenaustritt [m/s]
       p_1 = Wasserdruck vor dem Düsenaustritt [MPa]
       ρ = Dichte des Wassers [kg/m³]

Für Betrachtungen in höheren Druckbereichen, wie sie hier durchgeführt werden, kann das Wasser nicht mehr als inkompressibel angesehen werden, wie dies in idealisierter Weise für Strömungsbetrachtungen im Niederdruckbereich gilt. Die Dichte des Wassers ändert sich mit dem Druck und der Temperatur. Gleichung (1) gilt für den idealisierten Ansatz, daß die Kompressibilität des Wassers vernachlässigt wird. Ein Vergleich mit der exakten, berechneten Strahlgeschwindigkeit unter Berücksichtigung der Kompressibilität des Wassers zeigt, daß der Fehler für den hier betrachteten Druckbereich bis 200 MPa kleiner als 2 % ist /5/. Damit kann mit hinreichender Genauigkeit die Kompressibilität des Wassers vernachlässigt werden.

Um einen Betonabtrag mit dem Wasserstrahl zu erreichen, ist ein gewisser Schwelldruck /5/, auch als Grenzdruck /6/ bezeichnet, erforderlich. Dieser Schwelldruck liegt für Beton zwischen 25 und 35 MPa.

Im Hinblick auf die Zielgrößen Kerbtiefe und Volumenabtragsrate, die hier in erster Linie interessieren, können folgende Aussagen getroffen werden: Die Abhängigkeit zwischen dem Wasserdruck und der erzeugten Kerbtiefe ist leicht degressiv, der Zusammenhang zwischen Wasserdruck und Volumenabtragsrate ist progressiv /5/.

Bei einem Druck, der dem dreifachen Wert des Schwelldruckes entspricht, wird die Strahlenergie am effektivsten umgesetzt /6/.

2.6.1.2 Volumenstrom und Düsendurchmesser

Druck, Düsendurchmesser und Volumenstrom stehen in funktionalem Zusammenhang. Der Düsendurchmesser ist eine in der Praxis leicht zu verändernde Stellgröße, die den Betonabtrag entscheidend beeinflußt. Durch die Veränderung des Düsendurchmessers wird bei konstantem Systemdruck direkt der Volumenstrom beeinflußt.

$$Q = \alpha \cdot d^2 \cdot \sqrt{\frac{p_1}{\rho}} \qquad (2)$$

mit: Q = Volumenstrom [dm³/s]
α = Ausflußzahl [-]
d = Düsendurchmesser [mm]
p_1 = Wasserdruck vor der Düse [MPa]
ρ = Dichte des Wassers [kg/m³]

Wie in vorangegangenen Untersuchungen /5/ bereits festgestellt wurde, ist die Abhängigkeit der erzielbaren Kerbtiefe vom gewählten Düsendurchmesser nahezu linear. Dies gilt für Druckstufen bis 200 MPa. Die Abhängigkeit wird dabei durch materialspezifische und strömungsmechanische Faktoren beeinflußt, die bei zunehmender Kerbtiefe in den Vordergrund treten. Diese Faktoren dämpfen den ansonsten progressiven Kurvenverlauf und täuschen eine Linearität vor. Für die Volumenabtragsrate ergibt sich eine stark progressive Abhängigkeit vom Düsendurchmesser. Die Erklärung dafür ist, daß bei größeren Düsendurchmessern die mittleren Kerbbreiten deutlich zunehmen. Der Volumenabtrag wird dabei von dem bei größerem Düsendurchmesser stark steigenden Volumenstrom geprägt.

Zur Erzielung eines gewollten Aufrauheffektes ist deshalb der Einsatz mehrerer Düsen mit kleinem Durchmesser, z.B. zusammengefaßt in einem Rotationsdüsenhalter, besser geeignet als der Einsatz weniger Düsen mit großem Durchmesser.

2.6.1.3 Strahlleistung

Die Strahlleistung ist das Produkt aus dem Druck und dem tatsächlichen Volumenstrom. Die Kerbtiefe und die Volumenabtragsrate zeigen eine eindeutige Abhängigkeit von der Strahlleistung /5/.

$$P = p_1 \cdot Q \tag{3}$$

mit: P = Strahlleistung [kW]
p_1 = Wasserdruck vor der Düse [MPa]
Q = Volumenstrom [dm³/s]

Die Strahlleistung ist keine am Gerät direkt einstellbare Größe. Ihr Einfluß auf das Strahlergebnis findet daher in der Praxis kaum Beachtung. Vielmehr wird stets versucht, Zusammenhänge mit den direkt beeinflußbaren Größen Düsendurchmesser und Druck herzustellen, deren Variation die Strahlleistung ebenfalls verändert.

Grundsätzlich gelten die folgenden Aussagen: Zur Abtragsmaximierung ist ein höherer Volumenstrom bei gleicher Strahlleistung, jedoch größerem Düsendurchmesser vorteilhaft, da dies zu einer Verbreiterung der erzeugten Kerbe führt, wodurch der Wasserabfluß begünstigt wird. Ist eine möglichst gleichmäßige Aufrauhung das Ziel der Maßnahme, so ist der Einsatz mehrerer kleiner Düsen bei gleicher eingesetzter Strahlenergie günstiger. Es empfiehlt sich zusätzlich, mehrere kleine Düsen bei maximal möglichem Druck zu wählen, da die spezifische Aufrauhenergie im Bereich kleiner Strahlleistungen ebenfalls ein Minimum besitzt /5/.

2.6.1.4 Düsengeometrie und Düsenbauart

Es gibt zwei grundsätzlich verschiedene Düsenbauarten: stetig ausgebildete Düsen aus gehärtetem Stahl und Blendendüsen mit einem Düsenstein aus Saphir. Neuerdings werden am Markt auch Saphirdüsen mit stetigem Einlaufkonus angeboten, die die Vorteile beider Bauarten miteinander verbinden. Will man beide Düsenbauarten in ihrer Effizienz miteinander vergleichen, so muß man die unterschiedlichen

Ausflußzahlen α berücksichtigen. Bei Berücksichtigung der Ausflußzahlen hat die Düsenbauart keinen Einfluß auf das Strahlergebnis /5/.

Die Ausflußzahlen der im Rahmen der Strahlversuche eingesetzten Düsen wurden durch Volumenstrom- und Druckmessung bestimmt. Die Werte fanden Eingang in die Berechnungen der Strahlleistungen. Die Ergebnisse sind der Anlage 1 zu entnehmen.

Ohne Berücksichtigung der Ausflußzahlen ergeben sich für die beiden Düsentypen Abweichungen von 20% bis 30% bei der Ermittlung des Volumenstromes und damit auch bei der Strahlleistung.

2.6.2 Betriebsparameter

Unter den Betriebsparametern sind die anwendungsorientierten Prozeßparameter zu verstehen. Die Betriebsparameter sind die Einstellparameter auf der Seite des Düsenführungssystems.

2.6.2.1 Strahlabstand

Der Strahlabstand sollte bei der Bearbeitung von Beton in der Regel so gering wie möglich eingestellt werden. WERNER /5/ konnte zeigen, daß bei spröden Materialien für alle Düsendurchmesser und wirtschaftlichen Druckbereiche der geringste Strahlabstand auch der energetisch günstigste und effektivste ist.

Mit zunehmendem Strahlabstand verändert sich die Größe der Belastungsfläche, die Belastungshöhe und die Belastungsart. Der für den Abtrag mitentscheidende Staudruck am Strahlauftreffort verringert sich mit zunehmendem Strahlabstand in seinem Aussehen und in seiner Verteilung. Es kommt zu einer überproportionalen Abnahme der Abtragsleistung in Abhängigkeit vom Strahlabstand. Besonders gravierend ist dieser Effekt bei kleinen Düsendurchmessern. Der energetische Vorteil sehr kleiner

Düsendurchmesser geht verloren, wenn der Strahlabstand nicht konstant gering gehalten werden kann.

2.6.2.2 Vorschubgeschwindigkeit

Die Vorschubgeschwindigkeit ist die Geschwindigkeit, mit der sich der Wasserstrahl relativ zur Strahlgutoberfläche bewegt. Bei kombinierten rotierenden, oszillierenden und traversierenden Strahlbewegungen können sehr große Vorschubgeschwindigkeiten im Sinne dieser Definition erreicht werden.

Grundsätzlich gilt, daß die Kerbtiefe mit zunehmender Vorschubgeschwindigkeit abnimmt. Im Bereich kleiner Werte ist dieser Effekt größer, im Bereich größerer Werte ist er kleiner. Durch hohe Vorschubgeschwindigkeiten kann die Volumenabtragsrate erheblich gesteigert werden. Die Abtragstiefe nimmt gleichzeitig ab.

Die Vorschubgeschwindigkeit muß im Zusammenhang mit der Anzahl an Überfahrten gesehen werden. Die mehrfache schnelle Überfahrt wird immer dann, wenn eine Maximierung der Abtragsrate im Vordergrund steht, von Vorteil sein. Eine Grenze ist dort erreicht, wo wegen zu kurzer Belastungszeiten kein Abtrag mehr stattfindet.

2.6.2.3 Anzahl der Übergänge

Durch das mehrmalige Überfahren des gleichen Ortes mit erhöhter Vorschubgeschwindigkeit wird die bei einmaliger langsamer Überfahrt erreichbare Grenztiefe schneller und mit geringerem Energieaufwand erreicht. Die Grenztiefe stellt sich immer dann ein, wenn eine Nachführung der Düse mit zunehmender Kerbtiefe, also eine Konstanthaltung des Strahlabstandes, nicht stattfindet. Versuche haben gezeigt, daß die Grenztiefe nach etwa zehn bis fünfzehn Überfahrten erreicht wird.

Daraus folgt, daß bei konstanter Belastungsdauer die Teilung der Belastungszeit durch Mehrfachüberfahrten zu einer Kerbtiefenzunahme führt. Dies gilt bis zum Erreichen der Grenztiefe. Ist eine Nachführung der Düse verfahrenstechnisch nicht möglich, und dies ist in der Regel der Fall, so ist das mehrmalige schnelle Überfahren vorteilhaft.

2.6.2.4 Strahlwinkel

Der Strahlwinkel wirkt sich je nach den Materialparametern des Strahlgutes unterschiedlich aus. Bei einem positiven Strahlwinkel (Abbildung 5) bildet sich im Kerbgrund ein Wasserpolster, in das der Strahl hineinstrahlt. In der Folge kommt es zu häufigeren seitlichen Abplatzungen und Ausbrüchen. Der Effekt verstärkt sich mit zunehmender Zuschlagkorngröße und größeren eingesetzten Düsendurchmessern. Die Kerbtiefe wird kaum beeinflußt. Ein negativer Strahlwinkel begünstigt das Abfließen des Wassers, es kommt seltener zu Ausbrüchen. Die Erzielung großer Kerbtiefen wird begünstigt.

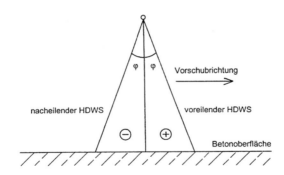

Abb. 5: Strahlwinkel-Einstellungen.

Generell gilt, daß ein positiver Strahlwinkel zu einer Erhöhung der Abtragsrate führt, wenn das Abtragsbild durch größere Abplatzungen gekennzeichnet ist. Dies ist bei Betonen höherer Festigkeit und mit größeren Zuschlagkorngrößen der Fall. Die Kerbtiefe wird dadurch nur geringfügig beeinflußt. Steht die Erzielung großer Kerbtiefen im Vordergrund, wie dies beim Schneiden von Beton der Fall ist, so ist ein negativer Strahlwinkel vorteilhaft /5/.

2.6.2.5 Strahlbewegung

Unter "Strahlbewegung" ist die Bewegung des Wasserstrahls relativ zur Strahlgutoberfläche zu verstehen. Sie kann zerlegt werden in eine Vorschubkomponente in der Hauptrichtung Y und eine Vorschubkomponente in der Querrichtung X. Durch die Strahlbewegung wird das Abtragsbild mitbeeinflußt. Man unterscheidet traversierende, oszillierende und rotierende Strahlbewegungen. Darüber hinaus werden in der Praxis Überlagerungen der verschiedenen Bewegungen eingesetzt, um Leistungssteigerungen zu erzielen oder bestimmte Abtragsbilder zu erzeugen. Abbildung 6 zeigt die verschiedenen Arten der Strahlbewegungen.

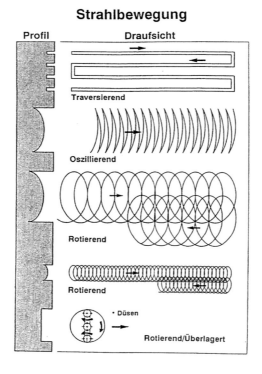

Abb. 6: Arten der Strahlbewegung nach /5/.

Bei der Strahloszillation pendelt der Wasserstrahl mit einer konstanten Frequenz um eine gewählte Mittellage. Dadurch wird eine Kerbbreitenvergrößerung erreicht. Dämpfungseffekte infolge Wasserpolsterbildung werden reduziert. Bei Beibehaltung der Kerbtiefe wird so eine erhebliche Vergrößerung des zeitbezogenen Volumenabtrags erreicht.

Die Strahlrotation oder auch Strahl-Kreisbewegung ist, wie die Strahloszillation, eine dem Längsvorschub überlagerte Strahlbewegung mit dem Ziel der Kerbbreitenvergrößerung. Im Gegensatz zur Strahlrotation kommt es bei entsprechender Frequenzeinstellung zu Mehrfachüberfahrten mit den sich daraus ergebenden positiven Effekten. Durch Strahlrotation ist eine Leistungssteigerung des Verfahrenseinsatzes durch Erhöhung der Abtragsrate und der Kerbtiefe erzielbar.

2.6.2.6 Versatz

Unter Versatz ist das Umsetzen des Strahls in die nächste Bearbeitungsbahn zu verstehen. Der Versatz, der in diesem Sinne auch als Quervorschub angesehen werden kann, kann intermittierend oder kontinuierlich stattfinden. Beim intermittierenden Versatz wird eine Bearbeitungsbahn vollständig gestrahlt; anschließend wird die Strahldüse in die nächste Bahn umgesetzt. Beide Bahnen überlappen sich geringfügig. Beim kontinuierlichen Versatz werden die Bewegungen des Längs- und des Quervorschubs miteinander kombiniert. Bei großen, im Baubetrieb eingesetzten Abtragsrobotern wird in der Regel die Methode des intermittierenden Versatzes eingesetzt.

2.7 Materialparameter

Neben den Systemparametern sind die Materialparameter des Strahlgutes entscheidend für das Abtragsergebnis. Untersuchungen von WERNER /5/ haben gezeigt, daß der Einfluß der Systemparameter gegenüber dem der Materialparameter überwiegt. Dennoch lassen sich Zusammenhänge zwischen Materialparametern und Abtragsergebnissen herstellen. Es ist ein Ziel dieser Arbeit, derartige Zusammenhänge näher zu untersuchen.

2.7.1 Druck- und Biegezugfestigkeit

Betone werden durch die Angabe der Normdruckfestigkeit bezeichnet. Die an vergleichsweise großen Prüfkörpern, nach DIN 1048 /22/ ermittelten Werte geben die Verhältnisse im makroskopischen Bereich wieder und berücksichtigen z.B. das unterschiedliche Spannungs-Dehnungs-Verhalten von Zuschlag und Zementsteinmatrix. Die vergleichsweise mikroskopische Beschaffenheit am Strahlauftreffpunkt wird hier nicht erfaßt. Die auf diese Weise gewonnenen Festigkeitswerte reichen daher alleine nicht aus, um das Abtragsverhalten eines Betons bei Belastung mit dem Hochdruckwasserstrahl zu beschreiben.

Gleichwohl lassen sich Aussagen darüber treffen, daß, abhängig von der Betondruckfestigkeit, unterschiedliche Abtragsbilder entstehen. So besteht z.B. bei höheren Festigkeiten die Tendenz zu größeren Abplatzungen.

Von großer Bedeutung ist in diesem Zusammenhang, daß nicht die Planfestigkeit einer bearbeiteten Betonfläche betrachtet wird, sondern daß die zum Bearbeitungszeitpunkt vorliegende Festigkeit in die Betrachtungen eingeht. Diese kann z.B. durch Untersuchung der Flächen mit dem Rückprallhammer nach DIN 1048, Teil 2 ermittelt werden. Wie noch gezeigt werden wird, ist nicht nur die absolute Betondruckfestigkeit von Interesse für Rückschlüsse auf zu erwartende Abtragsergebnisse; eine ebenso große Bedeutung hat die Festigkeitsverteilung der zu bearbeitenden Fläche.

2.7.2 Sieblinie und Größtkorn

Der Einfluß der Sieblinie und des Größtkorns wurde von WERNER umfangreich untersucht /5/. Es wurde festgestellt, daß unabhängig von der Größtkorngröße das zeitbezogene Abtragsvolumen mit größer werdendem Anteil des Grobzuschlages zunimmt. Mit steigendem Größtkorndurchmesser nimmt der erzielbare Abtrag ebenfalls zu.

Der Anteil an Grobzuschlag hat ebenfalls Auswirkungen auf die Abtragsergebnisse bei unterschiedlichen Betondruckfestigkeiten. Bei Betonen mit hohem Anteil an Grobzuschlag steigt die Abtragsrate mit zunehmender Festigkeit leicht an. Dies liegt am vermehrten Auftreten von Abplatzungen bei gröberem Zuschlaggemisch und höherer Festigkeit. Die erzielbare Kerbtiefe wird dadurch nicht beeinflußt und nimmt mit steigender Festigkeit ab. Bei feinkörnigen Betonen, deren Abtrag nicht so sehr durch seitliche Abplatzungen gekennzeichnet ist, nimmt die Abtragsrate mit zunehmender Festigkeit ab.

Die Häufigkeit der Abplatzungen hängt vom Grobkornanteil, vom Zuschlaggrößtkorn und von der Zuschlaggemisch-Zusammensetzung ab. Die anteilig mehr Grobkorn enthaltenden A-Sieblinien sind durch häufige, die relativ feineren C-Sieblinien durch seltenere Ausbrüche bei gleicher Größtkorngröße gekennzeichnet. Dort, wo der Abtrag durch viele seitliche Ausbrüche gekennzeichnet ist, liegt nach dem Abtrag in der Regel ein höherer Anteil an gebrochenem Zuschlag vor.

Für eine Prognose zum Abtragsverhalten ist neben der Kenntnis der Zuschlaggemisch-Zusammensetzung auch die Kenntnis der Betonfestigkeit von Bedeutung.

2.7.3 Wasser-Zement-Wert

Durch den Wasser-Zement-Wert wird die Festigkeit und die Porosität des Zementsteins direkt beeinflußt. Ein geringer Einfluß auf das Abtragsverhalten ist vorhanden. Mit steigendem w/z-Wert nehmen die Kerbtiefe und die Abtragsrate zu, was mit dem sinkenden Widerstand der Zementmatrix begründet werden kann. Diese Beobachtung gilt für Betone mit kleineren und mittleren Zuschlagkorngemischen. Betone mit gröberen Zuschlagkorngemischen, die beim Abtrag zu schollenförmigen Ausbrüchen neigen, zeigen eine umgekehrte Tendenz bezüglich der Abtragsrate. Es kommt zu geringeren seitlichen Ausbrüchen, und die Abtragsrate nimmt mit steigendem w/z-Wert leicht ab. Insgesamt hat der Wasser-Zement-Wert einen vergleichsweise geringen Einfluß auf das Abtragsverhalten.

2.7.4 Zementgehalt und Feinsandanteil

Der Zementgehalt und der Feinsandanteil sind nicht geeignet, den Abtrag mit dem HDWS zu charakterisieren /5/.

2.7.5 Porosität

Die Porosität der bearbeiteten Betone liefert keinen entscheidenden Beitrag zur Charakterisierung des Abtragsverhaltens /5/.

2.7.6 Zuschlagart

Die Zuschlagart beeinflußt das Abtragsbild erheblich. Je nach Härte und Art des Zuschlags entsteht nach dem Abtrag eine eher ebene oder unebene Oberfläche. Weiche Zuschläge wie Kalkstein neigen eher zum Kornbruch als härtere Zuschläge wie Rheinkies oder Basaltsplitt. Auch die Abtragsrate wird vom Zuschlag mit beeinflußt.

2.7.7 Betonalter

Das Betonalter hat einen Einfluß auf verschiedene Materialparameter des Strahlgutes Beton. So verändert sich mit zunehmendem Alter die Elastizität des Betons. Auch der Verbund zwischen Zementmatrix und Zuschlag ist einem Veränderungsprozeß unterworfen. Die Betondruckfestigkeit nimmt ebenfalls mit zunehmendem Betonalter zu /1/. Auch auf Umwelteinflüsse zurückzuführende Veränderungen wie Karbonatisierung oder Chloridbelastung werden erst in höherem Bauteilalter deutlich. Systematische Untersuchungen zum Einfluß des Betonalters auf das Abtragsverhalten wurden aber bislang nicht durchgeführt.

2.7.8 Bewehrung

Das Vorhandensein und die Anordnung von Bewehrung im Beton hat einen großen Einfluß auf das Abtragsverhalten des Betons bei Wasserstrahlbelastung. Bewehrungslagen stellen stets eine Störung des Zementmatrix-Zuschlag-Verbundes dar. Da der Wasserstrahl die Bewehrung nicht durchtrennt, kann die Düse nicht nachgeführt werden, was die Tiefenwirkung des Verfahrens einschränkt. Hinter den Bewehrungsstählen kommt es eventuell zur Bildung der sogenannten "*Strahlschatten*". Dies sind Betonreste, die im Schutz der Stahleinlage vom Wasserstrahl nicht erreicht und dadurch nicht abgetragen werden. Strahlschatten können durch aufwendige Strahlführungssysteme und spezielle Systemparameter-Einstellungen minimiert werden.

Der direkte Einfluß von Bewehrung auf das Abtragsergebnis wurde bislang nicht systematisch untersucht.

3. Vorversuche und Festlegung der Versuchsparameter

3.1 Auswahl der Versuchsparameter

Für die Versuchsreihen werden eine Vielzahl von System- und Materialparametern für nähere Untersuchungen ausgewählt (Tabelle 2). Zu Beginn wird die Auswahl der einstellbaren Systemparameter hauptsächlich durch die Erkenntnisse aus Vorversuchen /23/ und durch die Literaturauswertung bestimmt. Im Laufe der Versuchsreihen wird dann Schritt für Schritt eine Parameterreduzierung durchgeführt, um die Anzahl der Versuche auf ein technisch und wirtschaftlich durchführbares Maß zu reduzieren. Würden alle in den Versuchen frei wählbaren Parameter miteinander kombiniert und jeweils ein Strahlversuch dazu durchgeführt, so wären theoretisch $6{,}5 \cdot 10^9$ Versuche durchzuführen. Auf die Reduzierung der Versuchsparameter wird in Abschnitt 3.5 noch näher eingegangen.

In den Versuchen werden die direkten und die wechselseitigen Einflüsse von 17 Materialparametern (davon fünf Bewehrungsparameter) und sieben Strahl- und Betriebsparametern auf die drei Abtragsergebnisse Kerbtiefe, Kerbvolumen und Abtragsrate untersucht. Jeder der Parameter kann verschiedene Einstellungen bzw. Ausprägungen annehmen. Diese Einstellungen können Zahlenwerte sein, wie z.B. die Vorschubgeschwindigkeit, die zwischen 0 und 3 cm/s variiert. Sie können aber auch ja/nein Einstellungen sein, wie z.B. chloridbelastet, ja oder nein. Bei einigen Parametern besteht eine Abhängigkeit zu anderen Parametern. So hängen z.B. Parameter der Betonrezeptur mit dem Parameter Betonfestigkeit zusammen. Die effektive Strahlleistung P wird von dem gewählten Systemdruck, dem gewählten Düsendurchmesser und der düsenbauartspezifischen Ausflußzahl α bestimmt. Das gleiche gilt für das Fördervolumen Q. Die Strahl- und Betriebsparameter sowie ein Teil der Materialparameter werden planmäßig variiert. Der Betriebsparameter "Strahlabstand" wird bei allen Versuchen konstant zur Probekörperoberfläche zu Versuchsbeginn gehalten. Die Strahldüse wird nicht nachgeführt. Das heißt, daß der Strahlabstand sich bei Mehrfachüberfahrten desselben geometrischen Ortes entsprechend der Kerbtiefenzunahme pro Übergang veränderte. Ein Teil der Material-

Lösungsweg   Seite 35

parameter wird nicht planmäßig variiert sondern es werden die Vorgaben des Betonherstellers übernommen. Die auf Baustellen bearbeiteten Betone wurden auf ihre Materialparameter hin untersucht und die Ergebnisse in die Parameterlisten übernommen. Alle Parameter mit ihren Einstellungen bzw. Ausprägungen sind in Tabelle 2 zusammengestellt.

MATERIALPARAMETER	EINSTELLUNG / AUSPRÄGUNG
Betonfestigkeitsklasse	B10, B25, B35, B45, B55, B90
β_{W200} [N/mm²]	9 bis 116
calβ_{W200} [N/mm²]	7 bis 73
Rückprallhammer-Wert [Skt]	27 bis 55
Zementgehalt [kg/m³]	200 bis 360
Sieblinie	A, B, AB, C
Größtkorn [mm]	16, 32
w/z-Wert [-]	0,3 bis 0,88
Zuschlagart	Kies, Splitt
Chloridbelastung	JA/NEIN
Karbonatisierung	JA/NEIN
schlechte Nachbehandlung	JA/NEIN
Normlagerung Klima 20/65	JA/NEIN
Betonalter [d]	160 bis 7300

BEWEHRUNGSSITUATION	EINSTELLUNG / AUSPRÄGUNG
Betondeckung c [mm]	10, 20, 30
Querbewehrung	JA/NEIN
Lage	1, 2
Stabdurchmesser d_s [mm]	10, 16
Einzelstab	JA/NEIN

BETRIEBS- /STRAHLPARAMETER	EINSTELLUNG / AUSPRÄGUNG
Wasserdruck p [MPa]	90 bis 200
Düsendurchmesser d [mm] *)	0,5; 0,7; 0,8; 1,2; 1,5
Strahlleistung P [kW]	11 bis 82
Fördervolumen [l/min]	18 bis 48
Vorschubgeschwindigkeit längs u [cm/s]	1,0 bis 3,0
Anzahl der Übergänge n [-]	1 bis 4
Strahlabstand a [mm]	10
Strahlwinkel längs φ [°]	-22, 0, 22
Strahlrotation Frequenz f_r [1/min] **)	0, 100, 150, 200
Strahloszillation Frequenz f_o [1/min] **)	0, 100, 150, 200

*) Es wurde keine gesonderte Differenzierung nach der Düsenbauart vorgenommen, die Ausflußzahlen α wurden berücksichtigt.

**) Der Radius der Strahlrotation und die Amplitude der Strahloszillation wurden konstant mit 10 mm eingestellt, so daß sich durchschnittliche Kerbbreiten von 25 mm ergaben.

Tabelle 2:   *Zusammenstellung der untersuchten System- und Materialparameter.*

Um Aussagen über die wechselseitigen Einflüsse von Parametern auf die erzielbaren Abtragsergebnisse treffen zu können, mußten die Versuche mit gezielt variierten Kombinationen der Parametereinstellungen durchgeführt werden. Im folgenden werden die einzelnen Versuchsparameter beschrieben.

3.2 Strahlparameter

Die Geschwindigkeit und der Querschnitt des Hochdruckwasserstrahls sind die primären Kenngrößen. Beide Größen lassen sich meßtechnisch nicht oder nur mit großem Aufwand erfassen. Dieses resultiert zum einen aus der hohen Strahlgeschwindigkeit und zum anderen aus den sehr geringen Abmessungen des wirksamen Strahlquerschnitts. Es bestehen jedoch direkte Abhängigkeiten zu den erzeugungsorientierten Parametern Wasserdruck p und Düsendurchmesser d, deren Größen bestimmt werden können. Aussagekräftiger für die Ergebnisinterpretation sind die aus den Strahlparametern Wasserdruck und Düsendurchmesser abgeleiteten Größen Strahlleistung P und Fördervolumen Q. Da diese Größen aber nicht explizit über Bedienelemente des Versuchsstandes eingestellt werden können, werden sie für die Versuchsplanung nicht als Einstellgrößen verwendet. Ihre Werte werden für die Versuchsauswertung berechnet.

In den Versuchsreihen werden zwei verschiedene Druckerzeuger eingesetzt:

- Hochdruck-Plungerpumpe 325 Z P 26
  Hersteller: WOMA Apparatebau, Duisburg
  maximales Fördervolumen Q_{max} = 80 l/min
  maximaler Betriebsdruck p_{max} = 132 MPa

- Hochdruck-Plungerpumpe S 2000
  Hersteller: Hammelmann, Oelde
  maximales Fördervolumen Q_{max} = 14 l/min
  maximaler Betriebsdruck p_{max} = 200 MPa

Eine genaue Beschreibung der verwendeten Druckerzeuger wird in Abschnitt 4.1.2.1 gegeben.

3.2.1 Wasserdruck

Im Zusammenhang mit der Bearbeitung von Strahlgut mittels Wasserstrahl müßte, wie bereits in Abschnitt 2.6.1.1 beschrieben, korrekterweise stets von einem Hochgeschwindigkeits-Wasserstrahl als Werkzeug gesprochen werden, da nicht der Druck, sondern die Geschwindigkeit des auftreffenden Wasserstrahls den Abtrag hervorruft. Da der Begriff in der Fachwelt allgemein eingeführt ist, wird er im Sinne der folgenden Definition weiter verwendet: "Der Hochdruckwasserstrahl ist ein Strahl großer Geschwindigkeit, der in einer Düse geringen Durchmessers aus Wasser hohen Druckes erzeugt wird" /5/.

Der Wasserdruck vor dem Düsenaustritt und die Geschwindigkeit des Wassers nach Verlassen der Düse stehen in funktionalem Zusammenhang (Abschnitt 2.6.1.1, Gleichung 1). Bei einem Pumpendruck von 200 MPa hat der Wasserstrahl beim Austritt aus der Düse eine Geschwindigkeit von 630 m/s.

Für die Versuchsreihen werden, abhängig von den Druckerzeugern, folgende Systemdrücke als Strahlparameter festgelegt:

<ins>Druckerzeugereinheit S 2000:</ins>

$p = 150$ MPa
$p = 195$ MPa
$p = 200$ MPa

<ins>Druckerzeugereinheit 325 Z P 26:</ins>

$p = 105$ MPa

Die Druckstufenauswahl wird getroffen aufgrund umfangreicher Voruntersuchungen. Dabei hat sich beim Einsatz der Druckerzeugereinheit S 2000 gezeigt, daß das Abtragsvolumen mit steigendem Systemdruck progressiv zunimmt. Drücke unter 100 MPa hingegen führen bei einem Volumenstrom unter 10 l/min nicht zu verwertbaren Abtragsergebnissen und sind nicht praxisrelevant. Die Druckstufe 105 MPa in Verbindung mit einem Fördervolumen von ca. 30 l/min bei der Druckerzeugereinheit 325 Z P 26 soll Rückschlüsse auf die Übertragbarkeit der Ergebnisse der beiden Druckerzeuger-Typen geben. Die Strahlleistungen der beiden Anlagen liegen bei jeweils entsprechender Wahl der Druck-Düsenkombinationen (Anlage 1) in der gleichen Größenordnung, und die Ergebnisse können so direkt miteinander verglichen werden.

Die Druckstufe 195 MPa wird in Verbindung mit dem Einsatz der Saphirdüse und dem Düsendurchmesser 0,8 mm bei der Anlage S 2000 gewählt. Auf die Wahl des möglichen Maximaldruckes von 200 MPa wird verzichtet, da bei der genannten Parameterwahl der Druckerzeuger dann am obersten Rand des Leistungsspektrums eingesetzt würde. Eine Sicherstellung der Konstanz der Parametereinstellung wäre aus Gründen des Verschleißes der Anlage über die Versuchsdauer von etwa einem Jahr nicht möglich gewesen.

3.2.2 Düsendurchmesser

Der Düsendurchmesser beeinflußt direkt das Fördervolumen. Dieses kann auf der Grundlage der Kontinuitätsgleichung und unter Einführung der dimensionslosen Ausflußzahl α, die die Düsenbauart charakterisiert, wie folgt bestimmt werden (siehe auch Gleichung 2):

$$Q = \alpha \cdot \frac{\pi}{4} \cdot d^2 \cdot v_2 \qquad (3)$$

mit Q = Fördervolumen [dm³/s]
   d = Düsendurchmesser [mm]
   v_2 = Ausströmgeschwindigkeit des Wassers [m/s]

α = Ausflußzahl [-]

Hartmetalldüsen, stetiger Einlaufkonus ($\alpha > 0{,}85$)

Saphirdüsen, blendenartig ($0{,}65 \leq \alpha \leq 0{,}85$)

Die Düsenbauart hat bei Berücksichtigung der Ausflußzahl keinen Einfluß auf das Abtragsergebnis /5/. Ihr Einfluß auf das Strahlergebnis wird aus diesem Grunde hier nicht mehr explizit untersucht.

Für die Versuchsreihen, in denen die Druckerzeugereinheit S 2000 eingesetzt wird, werden Saphir-Rundstrahldüsen verwendet. Es handelt sich dabei um Blendendüsen. Die Düsen wurden am Beginn und am Ende der Versuchsreihen im Mikroskop vermessen. Die Ausflußzahlen α der verwendeten Düsen werden im Versuch bestimmt (Anlage 1).

Der verwendete Druckerzeuger S 2000 ist in der Lage bis zu einem Düsendurchmesser von 0,8 mm einen Systemdruck von 200 MPa aufzubauen. Größere Kerbtiefen können bei Düsendurchmessern kleiner 0,5 mm auch bei maximalen Drücken nicht erreicht werden. Es wird deshalb die folgende Abstufung der Düsendurchmesser gewählt:

d = 0,5 mm

d = 0,7 mm

d = 0,8 mm

In Verbindung mit der Druckerzeugereinheit 325 Z P 26 kommen Rundstrahldüsen aus gehärtetem Stahl mit stetigem Einlaufkonus zum Einsatz. Die Ausflußzahl α ist bei dieser Düsenbauart größer als bei den Blendendüsen. Auch hier werden die Ausflußzahlen im Versuch bestimmt. Folgende Düsendurchmesser werden bei den Strahlversuchen mit der Druckerzeugereinheit 325 Z P 26 gewählt:

d = 1,2 mm

d = 1,5 mm

Lösungsweg   Seite 40

3.2.3 Strahlleistung

Wie bereits erwähnt, ist die Strahlleistung als abgeleitete Größe der Strahlparameter besser geeignet zur Ergebnisinterpretation als die Einstellparameter Druck und Düsendurchmesser. Im Rahmen der Versuchsserien wird die für die jeweiligen Versuche effektive Strahlleistung errechnet:

$$P = konst \cdot p_1 \cdot Q = konst \cdot \alpha \cdot d^2 \cdot p_1^{3/2} \tag{4}$$

mit P =   Strahlleistung [kW]
      p_1 = Systemdruck vor der Düse [MPa]
      Q =   Fördervolumen [dm³/min]

Die zur Bestimmung der effektiven Strahlleistung erforderlichen Ausflußzahlen α werden in Ausflußversuchen bestimmt. Die Ergebnisse sind der Anlage 1 zu entnehmen. Die bei den Versuchen zum Einsatz kommenden Strahlleistungen liegen zwischen 10,8 kW und 88,2 kW.

3.3 Betriebsparameter

Aus den Ergebnissen früherer wissenschaftlicher Untersuchungen am Institut für Baumaschinen und Baubetrieb /5/, aus Voruntersuchungen /23/ und aus der Literatur ist bereits eine Reihe von Zusammenhängen bei der Auswahl der Betriebsparameter bekannt. Diese Kenntnisse werden bei der Einstellung der Parameter mit berücksichtigt

3.3.1 Vorschubgeschwindigkeit

Die Vorschubgeschwindigkeit ist diejenige Geschwindigkeit, mit der sich das Werkzeug Wasserstrahl relativ zur Bearbeitungsfläche bewegt. Zur versuchstechnischen Erfassung des Betriebsparameters "Vorschubgeschwindigkeit" wird der Vektor der Geschwindigkeit in zwei Richtungskomponenten aufgeteilt. Für die Versuchsanlage wird festgelegt, daß die Hauptbearbeitungsrichtung mit Y bezeichnet wird. Die Richtung für den Querversatz des Wasserstrahls wird mit X bezeichnet (siehe Abbildung 4). Im folgenden wird mit "Vorschubgeschwindigkeit" diejenige Geschwindigkeitskomponente des Geschwindigkeitsvektors bezeichnet, die in die Hauptbearbeitungsrichtung Y weist. Die Größe der senkrecht zu dieser Richtung verlaufenden Komponente wird nicht unter dem Betriebsparameter "Vorschubgeschwindigkeit" erfaßt. Die Querkomponente findet indirekt Eingang in den Betriebsparameter "Strahlbewegung" mit den Ausprägungen "Strahlrotation" und "Strahloszillation", die in Abschnitt 3.3.5 näher erläutert werden.

Mit zunehmender Vorschubgeschwindigkeit nimmt die Kerbtiefe und damit auch der Volumenabtrag im Bereich bis 5 cm/s stark, bei größeren Vorschubgeschwindigkeiten weniger stark ab. Die Volumenabtragsrate steigt mit zunehmender Vorschubgeschwindigkeit stetig an und flacht erst bei u = 15 cm/s ab. Die maximal einstellbare Vorschubgeschwindigkeit ist aus technischen Gründen bei der verwendeten Versuchseinrichtung auf 5 cm/s begrenzt. Für die Versuchsreihen werden folgende Parameterabstufungen gewählt:

$u = 1,0$ cm/s
$u = 2,0$ cm/s
$u = 3,0$ cm/s

Der Einfluß des linearen Vorschubs in X-Richtung (Quervorschub) wird in den Untersuchungen nicht speziell untersucht. Der direkte lineare Quervorschub wird zum Umsetzen der Strahllanze in die nächstfolgende Bearbeitungsposition verwendet. Die Vorschubgeschwindigkeit v in dieser Richtung wird dabei nicht näher als Betriebsparameter untersucht.

3.3.2 Anzahl der Übergänge

Überstreicht der Wasserstrahl mehrfach denselben geometrischen Ort, so wird mit n die Anzahl der Übergänge bezeichnet. Eine gesonderte Untersuchung des Betriebsparameters "Anzahl der Übergänge" ist dann sinnvoll, wenn die Strahldüse nicht nachgeführt wird, das heißt, wenn der Strahlabstand sich von Übergang zu Übergang vergrößert. Wird der Strahlabstand dem Abtragsergebnis angepaßt, so stellt sich vor jedem neuen Übergang eine Situation ein, wie sie zu Beginn der Wasserstrahlmaßnahme vorliegt. Theoretisch kann auf diese Weise eine Kerbe beliebiger Tiefe erzeugt werden.

Bei den Versuchsreihen wird die Strahldüse nicht nachgeführt. Das heißt, daß sich der Strahlabstand a bei jeder Überfahrt vergrößert. Dies führt zu einer Abnahme der Belastungsintensität und damit zu einer geringeren Einwirkmöglichkeit des Strahls auf den Beton mit jedem Übergang. Frühere, am Institut für Baumaschinen und Baubetrieb durchgeführte Versuche /5/ zeigten, daß ab n > 3 keine deutliche Zunahme der Kerbtiefe mehr erzielt werden kann. Bei n = 10 bis n = 15 ist für hohe Vorschubgeschwindigkeiten eine Grenztiefe erreicht, die mit der erreichbaren Tiefe bei einer sehr langsamen Vorschubgeschwindigkeit übereinstimmt. Aufgrund von Dämpfungseffekten in der Kerbe /6/, die bei höheren Vorschubgeschwindigkeiten reduziert werden, steigt die Volumenabtragsrate bei höheren Vorschubgeschwindigkeiten. Zur Erzielung großer Abtragstiefen sind demzufolge mehrere Überfahrten mit hoher Vorschubgeschwindigkeit effektiver, als eine Überfahrt mit geringer Vorschubgeschwindigkeit, obwohl die Belastungszeit konstant bleibt.

$$\frac{u_1}{n_1} = \frac{u_2}{n_2} = \text{konst.} \tag{5}$$

mit u_i = Vorschubgeschwindigkeit [cm/s]

n_i = Anzahl der Übergänge [-]

Für die Versuchsreihen werden ein bis vier Übergänge als Betriebsparameter eingestellt.

3.3.3 Strahlabstand

Als Strahlabstand wird der Abstand zwischen Strahlaustrittsstelle und Strahlauftreffpunkt bezeichnet. Der Wasserstrahl verliert nach dem Strahlaustritt schnell an Energie. Aus diesem Grunde ist die Einstellung eines geringen Strahlabstandes vorteilhaft. Bei spröden Materialien, zu denen auch der hier bearbeitete Beton gehört, ist die Einstellung eines möglichst kleinen Strahlabstandes für alle Düsendurchmesser energetisch günstig /5/. Für alle Versuche mit einfachem Übergang des Wasserstrahls wird a = 10 mm gewählt. Bei Mehrfachüberfahrten wird der Strahlabstand nicht planmäßig verändert und richtete sich nach dem Kerbtiefenfortschritt.

3.3.4 Strahlwinkel

Der Strahlwinkel ist der Winkel zwischen der zu bearbeitenden Oberfläche und der Achse des Wasserstrahls (siehe Abbildung 5). Mit dem eingestellten Strahlwinkel variieren die horizontalen und vertikalen Strahlanteile.

Die Literaturauswertung zeigt folgende Zusammenhänge auf:

Ist das Bearbeitungsziel die Erzeugung möglichst tiefer Kerben, so wird dies durch die Einstellung eines nacheilenden Strahls begünstigt (negatives Vorzeichen des Strahlwinkels). Das Abfließen des in der Kerbe befindlichen Wasser-Strahlgutgemisches wird durch den nacheilenden Strahl begünstigt. Dämpfungseffekte werden dadurch vermindert.

Ist das Bearbeitungsziel die Erzeugung eines möglichst großen Abtragsvolumens, so wird dies durch die Einstellung eines voreilenden Strahls unterstützt (positives Vorzeichen des Strahlwinkels). Das sich in der Kerbe aufbauende Druckpolster führt zur schollenartigen Absprengung des umliegenden Betons.

Für die in den Versuchsreihen vorwiegend eingesetzte Fördermenge von maximal 13 l/min ist ein Strahlwinkel zwischen +15° und +30° zur Erzielung möglichst großer Abtragsraten am günstigsten /5/.

Für die Versuchsreihen werden folgende Strahlwinkeleinstellungen vorgenommen:

$\varphi = -22°$

$\varphi = 0°$

$\varphi = +22°$

Der Strahlwinkel quer zur Vorschubrichtung wird im Rahmen der Untersuchungen nicht variiert und mit konstant $\gamma = 0°$ eingestellt.

3.3.5 Strahlbewegung

Es gibt verschiedene Möglichkeiten, den Wasserstrahl über die zu bearbeitende Betonfläche zu führen. Im Rahmen der Untersuchungen werden drei unterschiedliche Strahlbewegungen näher untersucht und als Betriebsparameter eingestellt:

- geradliniger Vorschub ohne Querbewegung,
- rotierende Bewegung kombiniert mit geradlinigem Vorschub,
- oszillierende Bewegung kombiniert mit geradlinigem Vorschub.

In der Praxis werden durch Überlagerungen von rotierenden, oszillierenden und traversierenden Bewegungen höhere Vorschubgeschwindigkeiten relativ zur Betonoberfläche erreicht, was wiederum zu höheren Abtragsraten führt. Das Strahl- oder das Abtragsbild, das sich theoretisch aus den verschiedenen Bewegungsarten und deren Kombinationen ergibt, ist in den Abbildungen 6 und 7 dargestellt.

Voruntersuchungen /23/ haben gezeigt, daß rotierende oder oszillierende Strahlbewegungen kombiniert mit dem geradlinigen Vorschub gegenüber dem reinen geradlinigen Vorschub zu größeren Kerbtiefen und höheren Abtragsraten führen. Dies hängt mit dem veränderten Mechanismus der Strahlbelastung und der besseren Abfuhr des Strahlrückstandes aus der breiteren Kerbe zusammen. Weiterhin hat sich gezeigt, daß bei gleichem Energieaufwand bei rotierender Strahlbewegung gegenüber der oszillierenden Strahlbewegung eine größere Kerbtiefe erzielt wird. Darauf wird in Abschnitt 5.4 noch ausführlich eingegangen.

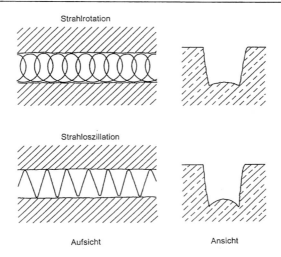

Abb. 7: Strahlgang und Strahlbild bei oszillierender und bei rotierender Strahlbewegung.

Zur Untersuchung der Zusammenhänge bei unterschiedlicher Strahlbewegung werden folgende Einstellparameter gewählt:

<u>rotierende Strahlbewegung, Rotationsfrequenz:</u>

$f_r = 0$ min^{-1}
$f_r = 100$ min^{-1}
$f_r = 200$ min^{-1}

<u>oszillierende Strahlbewegung, Oszillationsfrequenz:</u>

$f_o = 0$ min^{-1}
$f_o = 100$ min^{-1}

Der Rotationsradius und die Oszillationsamplitude werden jeweils mit 10 mm festgesetzt und nicht weiter variiert. Die sich ergebende Kerbbreite liegt im Durchschnitt bei 22 mm bis 25 mm.

3.4 Materialparameter

Beton ist ein spröder, inhomogener, mehrphasiger Baustoff. Ein Ziel der Untersuchungen ist es, grundsätzliche Zusammenhänge zwischen den Materialparametern und den Abtragseigenschaften des Betons bei Belastung mit dem Hochdruckwasserstrahl aufzuzeigen. Es gibt keinen Referenzbeton, dessen Abtragsverhalten Rückschlüsse auf alle anderen Betone zuläßt. Wegen der Verschiedenartigkeit von Betonen ist eine Übertragung von Aussagen nicht ohne weiteres möglich. Dies erschwert den Einsatz in der Praxis, da die Erfahrungswerte, resultierend aus früheren Einsätzen, nicht ohne weiteres auf andere Anwendungen übertragen werden können. Eine Übertragung von Ergebnissen, die an homogenem Strahlgut erzielt wurden, ist ebenfalls nicht generell möglich.

Es hat sich gezeigt, daß eine Vielzahl von Materialparametern des Betons einen mehr oder weniger großen Einfluß auf das Abtragsergebnis hat /5/ /6/. Besonderes Augenmerk wird bei den Versuchen darauf gelegt, welchen Einfluß das Betonalter oder die sich mit dem Alter verändernden Materialparameter und über einen längeren Zeitraum einwirkende Umwelteinflüsse auf das Abtragsergebnis haben.

In den Labor-Untersuchungen werden folgende Materialparameter variiert; die jeweiligen Einstellungen sind der Tabelle 2 zu entnehmen:

- Betonfestigkeitsklasse / Betonfestigkeit   (gewählt)
- Sieblinie   (Vorgabe)
- Zuschlaggrößtkorn   (gewählt)
- w/z-Wert   (Vorgabe)
- Zementgehalt   (Vorgabe)
- Zuschlagart   (gewählt)
- Betonalter   (gewählt)
- Bewehrungssituation   (gewählt)

Der Zusatz "gewählt" bedeutet, daß der jeweilige Parameter in der Versuchsplanung beliebig im Rahmen der möglichen Ausprägungen variiert werden kann. "Vorgabe" bedeutet, daß die Einstellungen des jeweiligen Parameters vom Herstellerwerk vorgegeben werden und in der Regel mit anderen Parametern gekoppelt sind oder daß die Einstellungen der Parameter der vorgefundenen Situation auf Baustellen entsprechen. Eine Variation von Materialparametern ist hier nur über die Auswahl der Baustellen in gewissen Grenzen möglich.

Darüber hinaus wird ein Teil der Probekörper speziell nachbehandelt, wodurch die Materialparameter beeinflußt werden. Folgende Nachbehandlungen werden durchgeführt:

- Chloridbelastung durch Zugabe von NaCl-Lösung. Die Folge war das Auftreten von Chloridkorrosion mit charakteristischer Rißbildung über rostender Bewehrung.
- Karbonatisierung durch Lagerung in einprozentiger CO_2-Atmosphäre bei 65 % relativer Luftfeuchtigkeit. Die Folge war die Bildung einer je nach Betonart unterschiedlich dicken karbonatisierten Schicht.
- Frühzeitiges Austrocknen der Oberfläche durch Lagerung des Probekörpers unter einem Infrarotstrahler unmittelbar nach der Herstellung. Dadurch Behinderung der Hydratation in der Oberflächenschicht und verminderte Oberflächenfestigkeit.
- Lagerung im Normklima 20/65 nach DIN 1048 und Feuchthalten der Proben über einen längeren Zeitraum. Dadurch Erzeugung eines bestmöglichen Erhärtungszustandes der so behandelten Probekörper.

Eine Liste aller hergestellten Probekörper mit den jeweils eingestellten versuchsrelevanten Materialkennwerten ist der Anlage 3 zu entnehmen.

3.4.1 Betonfestigkeitsklasse / Betonfestigkeit

Für die Versuche werden Beton- und Stahlbetonprobekörper in den Festigkeitsklassen B10, B25, B35, B45, B55 und B90 hergestellt. Wegen der Variation der Rezeptur und wegen der Festigkeitsentwicklung über die Lagerungsdauer ist nicht davon auszugehen, daß die tatsächliche Betondruckfestigkeit zum Bearbeitungszeitpunkt mit der Planfestigkeit nach Festigkeitsklasse übereinstimmt.

Wie bereits in Abschnitt 2.7.1 beschrieben, stellt die nach DIN 1048 an relativ großen Prüfkörpern ermittelte Würfeldruckfestigkeit β_{W200} keinen brauchbaren Wert dar, um Rückschlüsse auf die zu erwartenden Abtragsergebnisse mit dem Wasserstrahl ziehen zu können. Die im Zusammenhang mit den Wasserstrahlversuchen interessierende Betonschicht ist die äußere, oberflächennahe Schicht in einer Dicke bis ca. 4 cm. Ein Prüfverfahren, das eben diese oberflächennahe Schicht erfaßt und das zudem noch einen Kennwert für das elastische Verhalten des Betons in dieser Schicht liefert, ist die Prüfung mit dem Rückprallhammer nach DIN 1048 Teil 2. Der Rückprallwert erscheint also für eine Aussage über Zusammenhänge von Betonkennwerten und Abtragsergebnissen besser geeignet als die Würfeldruckfestigkeit. Ein zusätzlicher Vorteil dieses Verfahrens ist seine einfache Anwendung. Gelingt es, Zusammenhänge zwischen den Rückprallwerten und den Abtragsergebnissen herzustellen, so steht gleichzeitig ein einfaches, auf jeder Baustelle problemlos anwendbares Prüfverfahren zur Ermittlung der Werte zur Verfügung. Unter bestimmten Voraussetzungen, die bei den Versuchen überwiegend erfüllt sind, kann mit Hilfe der Rückprallwerte auf die Betondruckfestigkeiten β_{W200} geschlossen und so ein Zusammenhang hergestellt werden /22/.

Vor der Bearbeitung mit dem Hochdruckwasserstrahl wird mittels Rückprallhammertest die aktuelle, zum Bearbeitungszeitpunkt vorhandene Betondruckfestigkeit bestimmt. Die Rückprallhammertests werden entsprechend DIN 1048 Teil 2 durchgeführt. Es werden auf jeder Probekörperseite auf je vier Feldern Rückprallwerte ermittelt. Als repräsentativer Rückprallwert R_m wird der Mittelwert aus den Rückprallwerten der vier Felder gewählt.

Lösungsweg

Um exaktere Aussagen über die Druckfestigkeiten der Probekörper zu erhalten, wird die Bezugsgerade W nach DIN 1048 Teil 4 für die vorliegenden Betone der Probekörper bestimmt. Dazu werden die gemeinsam mit den Probekörpern hergestellten Betonwürfel der Abmessungen 200 x 200 x 200 cm³ verwendet. Zur besseren Anpassung an die vorliegenden Probekörperverhältnisse wird der DIN Versuch leicht abgeändert. Die Rückprallwerte der Würfel werden unter einer Vorlast von 2,5 N/mm² an der ungeschalten Oberseite und der Würfelunterseite bestimmt. Es werden jeweils 10 Einzelschläge auf den zugelassenen Würfelbereich ausgeführt. Das Ergebnis ist eine Bezugsgerade W, mit deren Hilfe die äquivalenten Würfeldruckfestigkeiten $cal\beta_{W200}$ der Probekörper aus den ermittelten Rückprallwerten R_m berechnet werden.

$$cal\,\beta_{W200} = 2{,}37 \cdot R_m - 57{,}4 \qquad (6)$$

Die Ergebnisse sind in Anlage 2 dargestellt. Es stellt sich heraus, daß die Festigkeiten der Probekörper i. d. R. über den planmäßigen Festigkeiten der Festigkeitsklassen liegen. Gleichzeitig stellt sich wie erwartet heraus, daß die ungeschalten Plattenoberseiten der Probekörper im Durchschnitt um etwa 30% geringere Festigkeiten aufweisen als die geschalten Plattenunterseiten.

Da, wie beschrieben, gerade die äußere Schale des Betons für die Wasserstrahlbearbeitung von besonderer Bedeutung ist, wird im weiteren Verlauf der Untersuchungen mit zwei getrennten Festigkeitswerten für die Plattenoberseite und die Plattenunterseite gearbeitet. Es wird also kein Gesamtfestigkeitswert für jeden Probekörper ermittelt, sondern jeweils ein Wert getrennt für jede Plattenseite.

Da die Baustellenbetone, wie die Laboranalysen zeigen, eine stark unterschiedliche Zusammensetzung gegenüber den Probekörpern aufweisen, wird die Bestimmung der Festigkeiten dieser Betone ohne Zuhilfenahme der Bezugsgerade durchgeführt. Dabei kommen sowohl Rückprallhammertests als auch die Bestimmungen von Zylinderdruckfestigkeiten zur Anwendung.

3.4.2 Sieblinie / Zuschlaggrößtkorn

Alle hergestellten Probekörper werden mit Sieblinie AB hergestellt. Die Sieblinien der Baustellenbetone variieren von BC bis C. Das Zuschlaggrößtkorn der Probekörper wird planmäßig zwischen 16 mm und 32 mm variiert. Das Zuschlaggrößtkorn der Baustellenbetone liegt bei 32 mm.

3.4.3 Wasser-Zement-Wert

Der Wasser-Zement-Wert der Probekörper variiert unplanmäßig zwischen 0,29 und 0,88. Der Wasser-Zement-Wert der Baustellenbetone konnte nicht bestimmt werden.

3.4.4 Zementgehalt

Der Zementgehalt der Probekörper variiert unplanmäßig zwischen 200 kg/m³ und 430 kg/m³. Für die Baustellenbetone wird der Zementgehalt nicht gesondert bestimmt.

3.4.5 Zuschlagart

Als Zuschlag wird für die Mehrzahl der Probekörper rheinischer Quarzkiessand verwendet. Zwei Probekörper werden mit Basaltsplitt-Zuschlag hergestellt. Alle auf Baustellen-Versuchsflächen angetroffenen Betone weisen Kies als Zuschlag auf.

3.4.6 Betonalter

Das Betonalter der Probekörper zum Bearbeitungszeitpunkt variiert zwischen 160 Tagen und 650 Tagen. Die Betone der Baustellen sind nach Planungsunterlagen zum Bearbeitungszeitpunkt mindestens 7300 Tage alt.

3.4.7 Bewehrung

Zur Überprüfung des Bewehrungseinflusses werden unterschiedlich bewehrte Stahlbeton-Probekörper hergestellt. Die verwendeten Bewehrungsarten werden in Abschnitt 5 näher beschrieben. Es kommen die Stabdurchmesser 10 mm und 16 mm zum Einsatz. Es werden Einzelstäbe und Stabbündel in die Probekörper eingebaut. Darüber hinaus werden einlagige und zweilagige Bewehrungen eingebaut.

3.4.8 Karbonatisierung

Zur Feststellung des Einflusses der Karbonatisierung auf das Abtragsergebnis werden vier Betonprobekörper einer künstlichen Karbonatisierung unterworfen. Dazu werden die mit Portlandzement hergestellten Probekörper der Festigkeitsklassen B25, B35, B45 und B55 über einen Zeitraum von 35 Wochen in einer Atmosphäre aus 1% CO_2 und Luft bei 65% relativer Luftfeuchtigkeit gelagert. Nach /24/ wird bei diesen Lagerungsbedingungen eine gegenüber der natürlichen Atmosphäre um den Faktor 30 erhöhte Karbonatisierungsgeschwindigkeit erreicht. Der Karbonatisierungszustand der auf diese Weise künstlich karbonatisierten Probekörper entspricht also dem von Betonbauteilen, die ca. 20 Jahre der natürlichen Atmosphäre ausgesetzt waren. Messungen der Karbonatisierungstiefe bestätigen ein wesentlich tieferes Eindringen der Karbonatisierungsfront gegenüber den Vergleichsproben, die in der natürlichen Atmosphäre gelagert wurden (Abbildung 8). In der natürlichen Atmosphäre steigt die Karbonatisierungstiefe nach /1/ mit der Wurzel der Zeit an.

Alle karbonatisierten Probekörper weisen eine, nach der Tiefe von der Betonfestigkeit abhängige, karbonatisierte Schicht auf. Da bei den verwendeten Portlandzementen die karbonatisierte Schicht eine höhere Festigkeit als der unkarbonatisierte Beton aufweist, wird damit gerechnet, daß es zu einer geringeren Kerbtiefe und Abtragsrate durch den HDWS-Einsatz in der karbonatisierten Zone kommt.

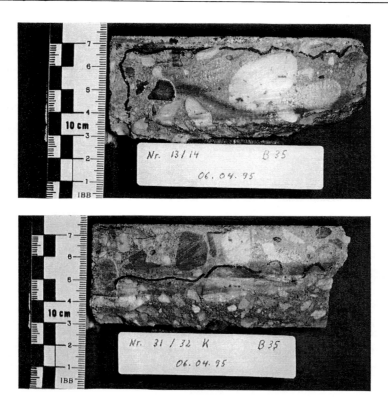

Abb. 8: Vergleich des Karbonatisierungszustandes zwischen künstlich karbonatisiertem und unter natürlichen atmosphärischen Bedingungen gelagertem Beton bei gleichem Betonalter.

3.4.9 Chloridbelastung

Zur Feststellung des Einflusses von erhöhter Chloridbelastung und Chloridkorrosion der Bewehrung auf das Abtragsergebnis werden fünf Stahlbetonprobekörper einer künstlichen Chloridbelastung unterworfen. Die Betonstähle werden vor dem Einbau über einen Zeitraum von mindestens 30 Tagen im periodischen Wechsel in Salzlösung und an der Luft gelagert. Beim Einbau in den Beton weisen die Stähle typische Anzeichen starker Chloridkorrosion auf. Dem Frischbeton wird für die Herstellung einer Probekörperplatte jeweils ein Liter gesättigte Kochsalzlösung hinzugegeben. Die Stahlbeton-Probekörper werden über einen Zeitraum von 300 Tagen einer erhöhten Chloridbelastung ausgesetzt, indem sie mehrfach wöchentlich mit Kochsalzlösung übergossen werden. Nach dieser Zeit zeigt sich die charakteristische Chloridkorrosion der Bewehrung. In einigen Bereichen kommt es bereits zu den typischen Betonabplatzungen und Auflockerungen infolge korrodierender Bewehrung. Risse sind an den Probekörperoberflächen deutlich zu erkennen. An den Seitenflächen der Probekörper sind, ausgehend von den Stählen, strahlenförmig Risse erkennbar. In Abbildung 9 sind typische Betonschäden an Probekörpern infolge Chloridkorrosion der Bewehrungsstähle erkennbar.

Abb. 9: Betonschäden infolge Chloridkorrosion an Bewehrungsstählen.

Wegen der Gefügelockerungen infolge Chloridkorrosion wird mit einer höheren Abtragsrate und stärkeren Abplatzungen gerechnet.

3.4.10 Vorzeitiges Austrocknen der Oberfläche nach Betonherstellung

Ein Problem in der Baustellenpraxis war und ist die mangelnde Nachbehandlung der frischen Betonflächen. Vorzeitiges Austrocknen der Oberflächenzone des Betons führt zu einer unvollständigen Hydratation und zu einer dauerhaft geringeren Festigkeitsentwicklung. Um den Einfluß dieser mangelnden Nachbehandlung auf das Abtragsergebnis zu untersuchen, werden vier Betonprobekörper unmittelbar nach dem Ausschalen einer künstlichen vorzeitigen Austrocknung unterworfen. Dazu werden die Betonplatten für die Dauer einer Woche während 8 Stunden täglich so unter einem Infrarotstrahler gelagert, daß an der ungeschalten Oberfläche stets eine Temperatur von mindestens 40° C herrscht.

Die gegenüber den "ordnungsgemäß" nachbehandelten Probekörpern festgestellten Betondruckfestigkeiten dieser Probekörper zeigen deutlich geringere Werte (Tabelle 3 und Anlage 3). Es wird damit gerechnet, daß größere Kerbtiefen erzielt werden.

planmäßige Festigkeitsklasse	vorzeitiges Austrocknen Betondruckfestigkeit $cal\beta_{W200}$	ordnungsgem. Nachbehandlung mittlere Betondruckfestigkeit $cal\beta_{W200}$
B25	23	33
B35	26	37
B45	40	45
B55	42	47

Tabelle 3: Mittlere Betondruckfestigkeiten vergleichbarer Proben vorzeitig ausgetrockneter und ordnungsgemäß nachbehandelter Betone. Die Betondruckfestigkeiten wurden wie in Abschnitt 3.4.1 beschrieben ermittelt.

3.4.11 Lagerung bei Normklima

Zu Vergleichszwecken werden vier Probekörper unmittelbar nach dem Ausschalen bei Normklima 20/65 über einen Zeitraum von 180 Tagen gelagert.

Die Abtragsergebnisse dieser Probekörper sollen als Vergleichswerte signifikante Unterschiede zu den Probekörpern aufzeigen, die speziellen Nachbehandlungen unterworfen waren.

3.5 Parameterreduzierung

Wie bereits in Abschnitt 3.1 beschrieben, würde die Kombination aller frei wählbaren Strahl-, Betriebs- und Materialparameter die Durchführung von ca. $6,5 \cdot 10^9$ Einzelversuchen erfordern. Da dies technisch und wirtschaftlich unmöglich ist, wird eine schrittweise Parameterreduzierung durchgeführt.

Die prinzipielle Vorgehensweise ist dem Ablaufschema in Abbildung 10 zu entnehmen. Aufbauend auf der Literaturauswertung und auf Voruntersuchungen /23/ werden bestimmte Parameter und Parameterkombinationen von vorneherein verworfen. Die mit Hilfe des Auswertungsprogramms durchgeführte Voruntersuchung der Ergebnisse dieser Versuche führt zu einer weiteren Parameterreduzierung. Schrittweise kann so die Zahl der zu untersuchenden System- und Materialparameter bzw. die Zahl ihrer Ausprägungen auf eine Zahl reduziert werden, die einerseits eine gesicherte Aussage über die zu untersuchenden Zusammenhänge zuläßt, andererseits aber die technischen und wirtschaftlichen Möglichkeiten im Projekt berücksichtigt. Die am Ende der Versuchsreihen durchgeführten Versuche werden nach Filterung der als nicht signifikant zu wertenden Parameter und Parameterausprägungen mit optimierten Systemeinstellungen durchgeführt. Insgesamt werden 1486 Einzelversuche durchgeführt.

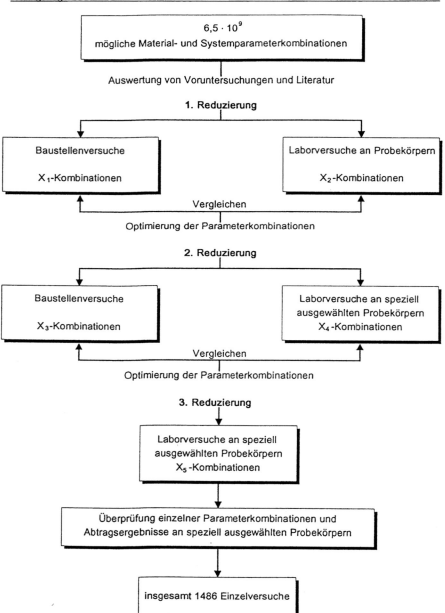

Abb. 10: Schematischer Ablauf der Parameterreduzierung.

4. Labor- und Baustellenversuche an Beton und Stahlbeton

4.1 Laborversuche

4.1.1 Probekörper

Zur Durchführung der Laborversuche werden insgesamt 64 Probekörper hergestellt. Diese sind Beton- und Stahlbetonplatten der Abmessungen 100 x 100 x 15 cm³ oder 100 x 50 x 15 cm³. 60 Platten werden nach einer Lagerungszeit von mindestens einem Jahr im HDWS-Versuchsstand mit dem Wasserstrahl bearbeitet. Vier Platten werden nach einer ca. sechsmonatigen Lagerung in einem Klima bei 20°C und 65% relativer Luftfeuchtigkeit (Normklima 20/65) mit dem Wasserstrahl bearbeitet. 62 Probekörper werden in einem ortsansässigen Transportbetonwerk hergestellt. Es werden aus einer Charge Beton jeweils zwei oder vier Betonplatten und zusätzlich mehrere Betonwürfel der Abmessung 20 x 20 x 20 cm³ hergestellt. Ein Würfel jeder Charge wird zunächst 7 Tage unter Wasser und anschließend 21 Tage bei Normklima 20/65 gelagert. Nach 28 Tagen wird an den so nachbehandelten Würfeln jeder Charge die Würfeldruckfestigkeit $\beta_{W200,28}$ ermittelt. Die 28-Tage-Festigkeitswerte dienen einer groben Kontrolle des Probekörperbetons. Zwei Probekörper bestehen aus hochfestem Beton der Betonfestigkeitsklasse B 90. Gemeinsam mit diesen Platten werden Würfel der Abmessung 15 x 15 x 15 cm³ hergestellt. Die zusammen mit den jeweiligen Probekörpern hergestellten Würfel werden unter den gleichen Umgebungsbedingungen wie die zugehörigen Probekörper gelagert. Die Würfel dienen zum Zeitpunkt der Bearbeitung der Probekörper mit dem Wasserstrahl der Ermittlung der aktuellen Betondruckfestigkeit. Dabei werden aus den bereits in Abschnitt 2.5.2 beschriebenen Gründen nicht die Würfeldruckfestigkeiten β_{W200} direkt als Maß für die Betondruckfestigkeiten der Probekörper verwendet. Es wird statt dessen, wie in Abschnitt 3.4.1 beschrieben, eine Bezugsgerade W ermittelt, mit deren Hilfe nach umfangreichen Rückprallhammer-Messungen Rückschlüsse auf die Betondruckfestigkeiten der Probekörper gezogen werden.

Alle hergestellten Beton- und Stahlbetonprobekörper haben eine ungeschalte Oberseite, im folgenden mit "Seite I" bezeichnet, und eine geschalte Unterseite, im folgenden mit "Seite II" bezeichnet. Im Verlauf der HDWS-Versuchsreihen werden beide Seiten wie unabhängige Probekörper behandelt. Dies ist wegen der teilweise unterschiedlichen Materialparameter beider Seiten erforderlich. So sind die ermittelten Werte der Betondruckfestigkeiten der jeweiligen Seiten I im Mittel um 30% kleiner als die der Seiten II. Diese Tatsache entspricht den Erwartungen, da der Beton der Seiten II einem Kernbeton entspricht, während der Beton der Seiten I die üblichen Unregelmäßigkeiten der Betonrandzone aufweist, wie diese auch bei üblichem Baustellenbeton zu finden sind.

Die Probekörper werden in speziellen Stahl-Systemschalungen hergestellt. Die Abmessungen und der Aufbau der Schalungen sind der Abbildung 11 zu entnehmen. Die Bewehrungsstähle der Stahlbetonprobekörper werden durch Öffnungen in den Seitenschalungen durchgesteckt, so daß diese nach dem Ausschalen sichtbar sind. Damit ist die exakte Lage der Stahleinlagen im fertigen Probekörper erkennbar. Für die verschiedenen Bewehrungsmuster stehen unterschiedliche Schalungselemente zur Verfügung. Die Verdichtung des Betons wird mit einem Rütteltisches nach DIN 4235, auf den die Schalung gestellt wird, durchgeführt. Es wird in mehreren kurzen Intervallen verdichtet, bis nur noch wenige Luftblasen sichtbar austreten. Die durch die Schalung durchgesteckten Bewehrungsstähle werden in "Dämpfern" gelagert. Diese Anordnung ist ebenfalls der Abbildung 11 zu entnehmen. Ziel ist es, bei der eingesetzten Verdichtung durch Schalungsrüttler, einen festen Verbund von Bewehrung und Schalung zu vermeiden, da dadurch evtl. untypische Verbundstörungen hervorgerufen würden. Die Probekörper werden nach der Herstellung mit Kunststoffolien abgedeckt und etwa eine Woche am Herstellungsplatz gelagert. Anschließend werden sie in der Schalung zum Lagerplatz transportiert und dort ausgeschalt. Einige Probekörper werden, wie in Abschnitt 3.4 bereits beschrieben, speziellen Nachbehandlungen unterworfen. Bei diesen Probekörpern wird, falls erforderlich, von der üblichen Vorgehensweise abgewichen. So werden z.B. die Probekörper, die einseitig einer Wärmebehandlung unterworfen werden, nicht über einen Zeitraum von einer Woche mit Folie abgedeckt. Die Probekörper, die keiner speziellen

Laborversuche   Seite 59

Nachbehandlung unterworfen werden, werden in einer windgeschützten Lagerhalle trocken gelagert.

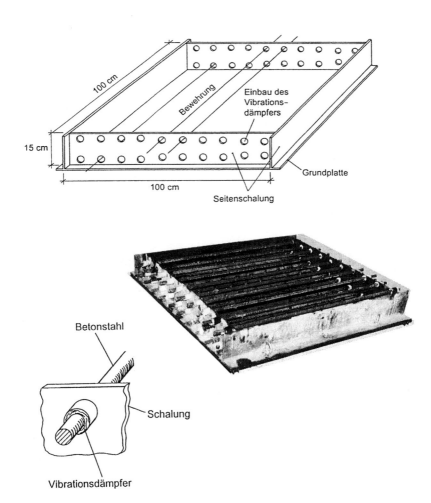

Abb. 11: Systemschalung zur Herstellung von Beton- und Stahlbeton-Probekörpern.

4.1.1.1 Festigkeitsklassen

Es werden Probekörper der Festigkeitsklassen B10, B25, B35, B45, B55 und B90 hergestellt. In den Festigkeitsklassen B25, B35, B45 und B55 wird jeweils eine ganze Serie von Probekörpern mit unterschiedlichen Materialparametern hergestellt. Die jeweiligen Zusammensetzungen sind der Anlage 3 zu entnehmen. In den Festigkeitsklassen B 10 und B 90 werden jeweils zwei Platten hergestellt. Die tatsächlichen Betondruckfestigkeiten zum Bearbeitungszeitpunkt werden wie in Abschnitt 3.4.1 beschrieben ermittelt. Abbildung 12 zeigt einen Stahlbetonprobekörper.

Abb. 12:   Stahlbeton-Probekörper.

4.1.1.2 Karbonatisierung

Vier Probekörper, je einer der Festigkeitsklasse B25, B35, B45 und B55, werden einer künstlich beschleunigten Karbonatisierung unterworfen. Die Vorgehensweise wurde in Abschnitt 3.4.8 bereits beschrieben. Zur Überprüfung des Karbonatisierungsfortschritts werden während und zum Abschluß der Behandlung Prüfungen der Karbonatisierungstiefe mittels Thymolphthaleintest (Anzeige der kritischen Grenze von pH 10,5) an Bruchflächen vorgenommen. Gleichzeitig werden Prüfungen der Karbonatisierungstiefe an Vergleichsproben, die nicht in der Karbonatisierungskammer gelagert wurden, durchgeführt. Insgesamt wird an den behandelten Proben eine wesentlich größere Karbonatisierungstiefe festgestellt als an den außerhalb der Kammer gelagerten Vergleichsproben (siehe Abbildung 8).

4.1.1.3 Chloridbelastung

Zur Untersuchung der Auswirkungen von Chloridbelastung des Betons beim HDWS-Einsatz werden fünf Stahlbeton-Probekörper einer Chloridbelastung unterworfen. Die Vorgehensweise wurde in Abschnitt 3.4.9 bereits beschrieben. Zum Zeitpunkt der Wasserstrahl-Bearbeitung zeigen sich an einigen Stellen die charakteristischen, durch Chloridkorrosion hervorgerufenen Betonschädigungen. An vielen Stellen der Betonoberfläche sind Braunfärbungen durch Korrosionsprodukte erkennbar. Vor der Bearbeitung mit dem Wasserstrahl werden vom Ingenieurbüro Schöppel an Bohrkernen Beurteilungen der Chloridkorrosion und Messungen der Eindringtiefe mit der UV-Methode durchgeführt /25/. Die Ergebnisse dieser Messungen sind der Tabelle 4 zu entnehmen. Es wird jeweils ein Bohrkern je Probekörper untersucht.

Probekörper Nr.	Beton- klasse	Bewehrung		Eindringtiefe der freien Chloridionen [mm]
		Betondeckung [mm]	Korrosionszustand	
27	B 35	20 - 23	teilweise Cl-Korrosion	28
29	B 35 (HOZ)	27 - 30	keine Cl-Korrosion	16 - 25
33	B 25	27	teilweise Cl-Korrosion	45 - 50
42	B 45	35	teilweise Cl-Korrosion am Rand	20 Rand 45
46	B 55	30	keine Cl-Korrosion	25 - 28

Tabelle 4: Korrosionszustand und Eindringtiefe der freien Chloridionen von chloridbelasteten Probekörpern /25/.

4.1.1.4 Wärmebehandlung

Zur Untersuchung der Auswirkungen von "falscher Nachbehandlung" des Betons auf die Abtragsergebnisse mit dem Hochdruckwasserstrahl werden vier Betonprobekörper einseitig einer Wärmebehandlung unterzogen. Die Vorgehensweise wurde in Abschnitt 3.4.10 bereits beschrieben. Damit wird ein vorzeitiges Austrocknen der Betonplatten durch intensive Sonneneinstrahlung ohne Feuchthalten des Betons simuliert. Auf diese Weise behandelt werden jeweils die ungeschalten Seiten I der Platten.

4.1.1.5 Lagerung bei Normklima

Zu Vergleichszwecken werden acht Betonplatten unmittelbar nach dem Ausschalen bei einer Temperatur von 20°C und 65% relativer Luftfeuchtigkeit (Normklima 20/65) gelagert und zusätzlich während der ersten Woche feucht gehalten. Vier dieser Platten werden nach sechsmonatiger Lagerung mit dem Wasserstrahl bearbeitet.

4.1.1.6 Bewehrung

Insgesamt werden acht verschiedene Bewehrungsvarianten, A bis H, in die Stahlbeton-Probekörper eingebaut. Die Bewehrungsvarianten der Probekörper sind den Abbildungen 13.1 und 13.2 zu entnehmen. Die Art der Bewehrung der einzelnen Probekörper ist der Anlage 3 zu entnehmen. Die Bewehrung wird ein- oder zweilagig mit Betondeckungen von 10, 20 und 30 Millimetern eingebaut. Es wird Bewehrung in Form von Einzelstäben und als Stabbündel, bestehend aus jeweils drei Einzelstäben eingebaut. Die verwendeten Bewehrungsstähle entsprechen üblichen Baustählen mit 10 und 16 mm Stabdurchmesser. Ein Teil der Bewehrung wird mit Querbewehrung, Durchmesser 6 mm, eingebaut.

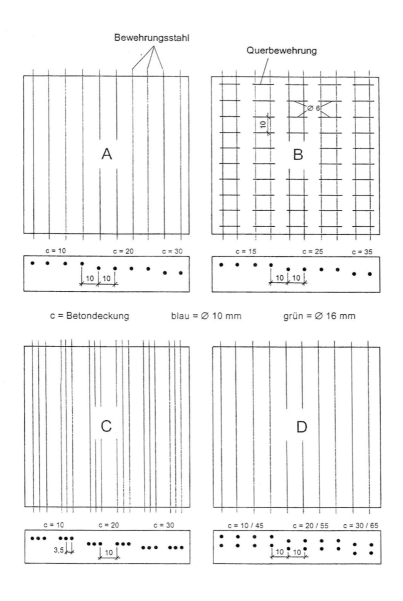

Abb. 13.1: *Bewehrungsvarianten A, B, C und D der Stahlbeton-Probekörper (Maße in mm).*

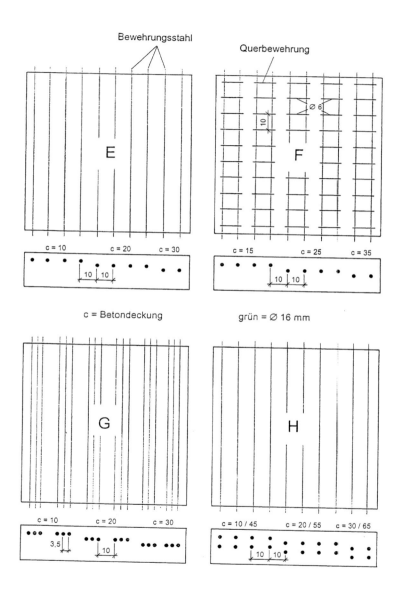

Abb. 13.2: *Bewehrungsvarianten E, F, G und H der Stahlbeton-Probekörper (Maße in mm).*

4.1.2 HDWS-Versuchseinrichtung

Zur Durchführung der Versuche wird eine Versuchseinrichtung zur Bearbeitung von Betonoberflächen mit dem Hochdruckwasserstrahl konstruiert. Der Versuchsstand kann im Labor und auf Baustellen eingesetzt werden. Maßgebend für die verfahrenstechnische Durchführung der Versuche ist die exakte und reproduzierbare Einstellung der in Kapitel 3 genannten Strahl- und Betriebsparameter und Parameterkombinationen.

4.1.2.1 Druckerzeugung

Bei den Versuchen werden zwei verschiedene Hochdruckpumpen als Druckerzeugereinheiten eingesetzt. Als Standard-Druckerzeuger-Einheit dient eine mobile Hochdruckpumpe des Typs "S 2000" der Firma Hammelmann, Oelde. Für Vergleichsuntersuchungen steht eine stationäre Hochdruckpumpe des Typs "325 Z P 26" der Firma WOMA Apparatebau, Duisburg, zur Verfügung.

Baugruppen und technische Spezifikation der <u>Druckerzeugereinheit S 2000</u> (Abbildung 14):

- Antriebsmotor ist ein Sechszylinder Direkteinspritzer-Dieselmotor mit einer Leistung von 60 KW bei einer Nenndrehzahl von 1800 min^{-1}. Motor und Pumpe sind über eine elastische, schwingungsdämpfende Kupplung miteinander verbunden.

- Eine Vordruckpumpe mit vorgeschaltetem Vorratsbehälter und nachgeschaltetem Feinpartikelfilter versorgt die Pumpe mit entgastem, partikelarmem Wasser.

- In der einstufigen, dreizylindrigen Hochdruckplungerpumpe wird das mit circa 0,3 MPa einströmende Wasser auf maximal 200 MPa verdichtet. Der erreichbare Volumenstrom von 14 l/min wird bei einem Kolbendurchmesser von 15 mm und einer Kurbelwellendrehzahl von 510 min^{-1} erzeugt.

- Über einen ölhydraulisch gesteuerten Bypaß wird das aus der Pumpe kommende Wasser entweder drucklos abgeführt oder unter Druck den nachfolgenden Hochdruckelementen zugeführt. Die Steuerung übernimmt ein elektromagnetisches Ventil.

- Bevor das komprimierte Wasser die Anlage verläßt und in flexible Druckschläuche gelangt, durchläuft es einen Vibrationskompensator. Hier werden die von der Plungerpumpe verursachten Pulsationen zur Verschleißminderung der nachfolgenden Hochdruckelemente, insbesondere der Druckschläuche, gedämpft.

- Die Hochdruckschläuche mit den zugehörigen Verbindungselementen führen das Wasser der Düse zu. Fangeinrichtungen sorgen für den Schutz vor Verletzungen bei einem Bruch der Schlauchverbindungen.

- Für den mobilen Einsatz ist die Druckerzeugereinheit auf einem Fahrgestell installiert. Eine Schallschutzhaube dämmt den Lärm im Betrieb soweit ab, daß das System einen Geräuschpegel von 85 dB(A) in einem Meter Entfernung unterschreitet.

- Über ein außen angebrachtes Schaltpult wird die Anlage gesteuert und überwacht. Der Volumenstrom wird über die Drehzahl des Dieselmotors eingestellt. In der Grundausstattung ist eine Regelung des Volumenstroms zwischen 8 l/min und 14 l/min möglich.

- Damit auch bei Volumenströmen unter 8 l/min das gesamte Druckspektrum ausgenutzt werden kann, besteht die Option, eine zweite Hochdruckdüse als Bypaß zu installieren. Über diese wird ein Teil des Fördervolumens schadlos abgeführt.

Abb. 14: Druckerzeugereinheit "S 2000" der Firma Hammelmann /26/.

Baugruppen:
Dieselmotor (1) Hochdruckplungerpumpe (2)
Partikelfilter (3) Bypass (4)
Vibrationskompensator (5) Wasservorratsbehälter (6)

Baugruppen und technische Spezifikation der Druckerzeugereinheit 325 Z P 26 (Abbildung 15):

- Antriebsmotor ist ein Elektromotor mit einer Leistung von 191 KW bei einer Nenndrehzahl von 1480 min^{-1}. Motor und Pumpe sind über eine elastische, schwingungsdämpfende Kupplung miteinander verbunden.

- Die Pumpe wird direkt aus dem Wasserversorgungsnetz gespeist. Zwischengeschaltet ist ein Partikelfilter.

- In der einstufigen, dreizylindrigen Hochdruckplungerpumpe wird ein Wasserdruck von maximal 132 MPa erzeugt. Der erreichbare Volumenstrom von 80 l/min wird bei einem Kolbendurchmesser von 26 mm und einer Kurbelwellendrehzahl von 416 min^{-1} erzeugt.

- Die weiteren Hochdruckelemente entsprechen denen der Druckerzeugereinheit S 2000. Ein zusätzlicher Bypaß sorgt als Überströmventil für die schadlose Abfuhr überschüssigen Druckwassers.

Abb. 15: Druckerzeugereinheit "325 Z P 26" der Firma WOMA.
Baugruppen:
Elektromotor (1)   Hochdruckplungerpumpe (2)

4.1.2.2 HDWS-Versuchsstand

Am Markt erhältliche HDWS-Strahlführungssysteme erscheinen für die Anforderungen im Versuchsbetrieb als nicht geeignet. Die für den groben Baustelleneinsatz ausgelegten Geräte lassen eine exakte, reproduzierbare Einstellung aller erforderlichen Systemparameter nicht zu. Aus diesem Grund muß ein Versuchsstand speziell konstruiert werden, der an den Versuchsbetrieb angepaßt ist.

Die gewählte Lösung muß eine Vielzahl unterschiedlicher Anforderungen erfüllen. Besondere Zusatzanforderungen müssen wegen des Einsatzes des Versuchsstandes auf Baustellen beachtet werden. Die Anforderungen an den HDWS-Versuchsstand werden im folgenden erläutert.

Verfahrenstechnische Anforderungen

Verfahrenstechnische und systembedingte Anforderungen legen die grundsätzlichen Konstruktionsmerkmale des HDWS-Versuchsstandes fest:

- Kompatibilität zu den einzusetzenden Druckerzeugereinheiten und den verwendeten Hochdruckelementen,
- Aufnahme von Reaktionskräften aus dem Strahlbetrieb,
- Verwendung wartungsarmer, wassergeschützter Komponenten,
- schnelle Montage der gesamten Einheit, insbesondere für den Baustelleneinsatz,
- alle Sicherheitseinrichtungen müssen leicht zugänglich, erreichbar und funktionstüchtig sein.

Versuchsbedingte Anforderungen

Für die uneingeschränkte Durchführung der geplanten Versuchsreihen im Labor und auf der Baustelle erfüllt der Versuchsstand die folgenden Anforderungen:

- Die Operationsfläche des Wasserstrahls ist so dimensioniert, daß die maximale Probekörperfläche (100 x 100 cm^2) bearbeitet werden kann. Hierbei sind die Beschleunigungs- und Verzögerungsstrecken zu beachten.
- Versuchsparameter, die Systemabläufe steuern, sind reproduzierbar und exakt einstellbar. Alle Einstellgrößen wurden während des Versuchsbetriebs in unregelmäßigen Zeitabständen mit externen Meßinstrumenten überprüft.
- Die Strahllanze und damit die Strahldüse ist motorisch angetrieben und in zwei Richtungen unabhängig voneinander verfahrbar.
- Alle Betriebsparameter sind in Maximalgrenzen stufenlos wählbar.
- Störende äußere Einflüsse, wie z. B. Schwingungsüberlagerungen, sind im Strahlbetrieb durch spezielle Maßnahmen eliminiert.
- Einstellgrößen (z. B. Vorschubgeschwindigkeiten, Systemdruck) und Meßgrößen (z. B. Kerblänge) sind an Anzeigeinstrumenten vom Bediener ablesbar und kontrollierbar. Die Registrierung der Daten wird mit Protokollaufschrieben vorgenommen.
- Die Druckerzeugereinheit ist vom Bedienpult des Versuchsstandes aus steuerbar (Druckregelung, Startimpuls).

Aufbau und Abmessungen des Versuchsstandes

Wegen des Einsatzes auf Baustellen und im Labor ist der Versuchsstand so konzipiert, daß er für Transportzwecke in mehrere Einzelkomponenten zerlegt werden kann.

Die Hauptelemente des Versuchsstandes sind das Grundgestell und die Strahlkopfführung. Eine Skizze des Versuchsstandes ist auf der Abbildung 16 dargestellt. Abbildung 17 zeigt ein Foto des Versuchsstandes in einsatzbereitem Zustand.

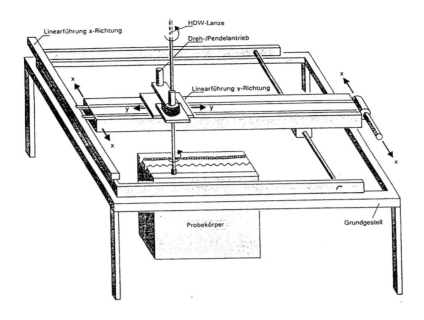

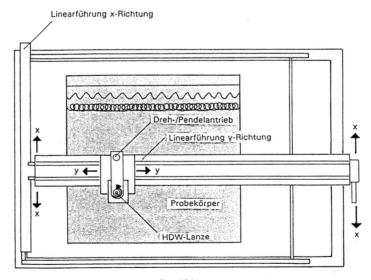

Abb. 16: HDWS-Versuchsstand.

Laborversuche Seite 72

Abb. 17: HDWS-Versuchsstand einsatzbereit mit Beton-Probekörper.

Das Grundgestell besteht aus einem ausgesteiften U-Profilrahmen. An den Stützen sind Zahnstangenwinden montiert, mit deren Hilfe der Versuchsstand auch auf unebenem Untergrund in einer gewünschten Niveaulage aufgestellt werden kann. Die Strahlkopfführung hat die Aufgabe, den Strahlkopf in zwei Richtungen zu bewegen. Das Führungssystem besteht aus drei Hauptkomponenten und ist starr mit dem Grundgestell verbunden.

Den Vorschub des Strahlkopfes in der Hauptbearbeitungsrichtung (Y-Richtung) übernimmt eine Doppelspur-Vorschubeinheit. Die Vorschubeinheit ist gegen Spritzwasser geschützt. Den Antrieb übernimmt ein gekapselter Gleichstrommotor, der mit einer Spannung von 24 Volt versorgt wird. Die Motordrehzahl kann zwischen 0 min^{-1} und 3350 min^{-1} stufenlos geregelt werden. Damit können Vorschubgeschwindigkeiten zwischen 0 cm/s und 5 cm/s gefahren werden.

Zum Vorschub des Strahlkopfes in X-Richtung dienen eine Einzelspur-Vorschubeinheit an dem einen Ende und eine parallel dazu verlaufende Stahlwelle an dem anderen Ende der Doppelspur-Vorschubeinheit. Ein Schrittmotor mit einer hohen Positioniergenauigkeit, der mit einer Spannung von 24 Volt versorgt wird, dient als Antrieb. Die Vorschubgeschwindigkeit kann über die Drehzahlregelung des Motors variiert werden.

Während des Versuchs muß die Vorschubgeschwindigkeit in beiden Richtungen, sofern diese gleichzeitig gefahren werden, konstant sein. Aus diesem Grunde ist die gesamte Fahrstrecke größer als die Bearbeitungsstrecke. Die Vorlauf- und Nachlaufstrecken dienen als Beschleunigungs- bzw. Verzögerungsstrecken.

Der Strahlkopf ist eine Konstruktion aus mehreren Einzelkomponenten und dient zur vertikalen Führung der Strahllanze, an deren Ende sich die Strahldüse befindet. Für die rotierende und oszillierende Bewegung des Strahls werden auf einen Grundträger zwei verschiedene Lanzenhalterungssysteme montiert. Die jeweiligen Konstruktionen sind in den Abbildungen 18 und 19 dargestellt.

Zur Einstellung beliebiger Strahlwinkel zwischen 0 und $\pm 22°$ in Vorschubrichtung und quer zur Vorschubrichtung können die Lanzenhalterungen in allen Richtungen geneigt werden. Der Strahlkopf ist an den Führungsschlitten der Doppelspur-Vorschubeinheit angeflanscht. Mit Hilfe der beschriebenen Konstruktion ist die Einstellung konstanter Strahlwinkel auch für rotierende und oszillierende Strahlbewegungen möglich, was eine Voraussetzung für die Aussagekraft der Ergebnisse ist.

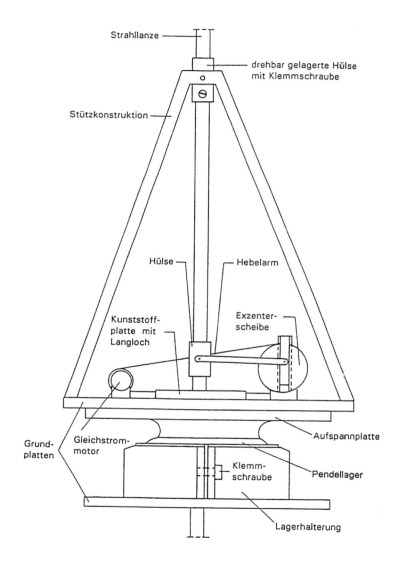

Abb. 18: *Strahlkopf mit Lanzenhalterung für oszillierenden Betrieb.*

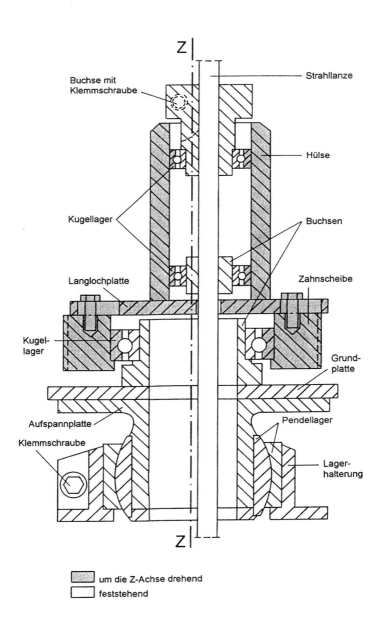

Abb. 19: *Strahlkopf mit Lanzenhalterung für rotierenden Betrieb.*

Die Versuchseinrichtung ist so konzipiert, daß die häufig zu verändernden Strahl- und Betriebsparameter von einer zentralen Steuereinheit verstellt werden können. Zu diesem Zweck ist ein zentrales Bedienpult mit allen notwendigen Elementen ausgestattet (Abbildung 20). Von hier aus können folgende Funktionen eingestellt und gesteuert werden:

- Vorschub in ±X-Richtung (Regelbereich 0 bis 5 cm/s)
- Vorschub in ±Y-Richtung (Regelbereich 0 bis 5 cm/s)
- Rotationsfrequenz (Regelbereich 0 bis 300 min^{-1})
- Oszillationsfrequenz (Regelbereich 0 bis 300 min^{-1})
- Systemdruck (Regelbereich 0 bis 200 MPa)
- Startimpuls (Druckfreigabe)

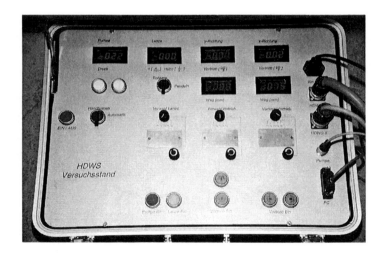

Abb. 20: Bedienpult des HDWS-Versuchsstandes.

Digitalanzeigen geben die jeweils eingestellten Parameterausprägungen an. Zusätzlich wird die zurückgelegte Wegstrecke der Düse in X- und Y-Richtung angezeigt.

Die übrigen Strahl- und Betriebsparameter müssen durch mechanische Manipulation an den entsprechenden Elementen des Versuchsstandes eingestellt werden. Dazu zählen:

- Düsendurchmesser,
- Strahlabstand,
- Strahlwinkel.

4.1.3 Durchführung der Laborversuche

Wegen der begrenzten Anzahl von Probekörpern und Baustellen-Versuchsflächen ist eine genaue Vorausplanung der Versuchsdurchführung notwendig. Die Variation der Abtragsformen, die Kerbanordnungen sowie der Bearbeitungsablauf mit einer schrittweisen Eliminierung der ungünstigsten Verknüpfungen und Einstellungen der Strahl- und Betriebsparameter sind von besonderer Bedeutung (siehe Abschnitt 3.5).

Durchschnittlich können pro Probekörper 20 Einzelversuche durchgeführt werden, was bei 64 Probekörpern theoretisch 1280 Einzelversuche bedeuten würde. Tatsächlich werden 1370 Einzelversuche im Labor durchgeführt. Die Differenz ist dadurch zu erklären, daß einzelne Versuche mit kürzeren Kerblängen durchgeführt werden. Hinzu kommen 116 Einzelversuche auf fünf verschiedenen Baustellen.

Es werden Kerb- und Abschälversuche durchgeführt:

- Kerbversuche dienen der Erkundung der Zusammenhänge zwischen den System- und den Materialparametern. Die Ergebnisse dienen der Optimierung des HDWS-Einsatzes.

- Abschälversuche dienen hauptsächlich der Erkundung der Betonuntergrund-Qualität nach dem Strahlübergang.

Versuche zur Reinigung und Aufrauhung von Betonoberflächen werden nicht durchgeführt.

Die Grundabtragsform beim Abtrag dickerer Betonschichten mit dem Wasserstrahl ist die Kerbe. Die Kerbgeometrie, die Kerbtiefe und die Kerbgrundbeschaffenheit sind von den in Kapitel 3 beschriebenen System- und von Materialparametern, die Kerbbreite ist von der Art der Strahlbewegung relativ zur Betonoberfläche und vom Düsendurchmesser abhängig. Bei einer geradlinigen Bewegung des Wasserstrahls ohne Querbewegung wird je nach dem gewählten Düsendurchmesser eine Kerbbreite von 3 bis 5 mm erzielt. Bei rotierender und oszillierender Strahlbewegung werden die Betriebsparameter Rotationsdurchmesser auf 20 mm und Oszillationsamplitude auf 10 mm in bezug auf die Mittellage festgelegt, was zu durchschnittlichen Kerbbreiten in Abhängigkeit vom gewählten Düsendurchmesser zwischen 22 mm und 25 mm führt (Abbildung 21).

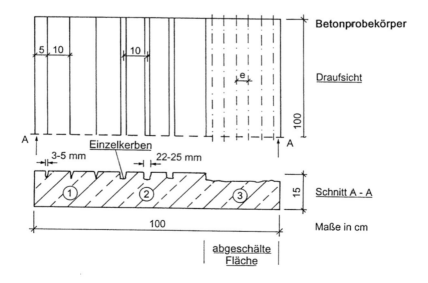

Abb. 21:   Abtragsformen.

4.2 Baustellenversuche

4.2.1 Auswahl der Baustellen

Zur Überprüfung der Übertragbarkeit der im Labor gewonnenen Erkenntnisse über den Einfluß der verschiedenen Prozeßparameter auf den praktischen Einsatzfall sind Baustellenversuche notwendig. Durch die Versuche an gealtertem Baustellenbeton wird die Vielfalt an Probenmaterial erheblich erweitert. Insbesondere der Einfluß des Betonalters kann durch die Untersuchungen an Baustellenbeton überprüft und die Laborergebnisse so abgesichert werden.

Bei den Untersuchungen wurden fünf Instandsetzungsbaustellen besucht. Auf vier Baustellen wurden Versuche vor Ort durchgeführt und bei einer Baustelle ergab sich die Möglichkeit, Beton von der Baustelle im Labor unter definierten Laborbedingungen bearbeiten zu können. Nähere Angaben zu den Baustellen sind den Anlagen 3 und 4 zu entnehmen.

Mehrere Kriterien bestimmen die Auswahl der Instandsetzungsbaustellen:

- Lage und Abmessungen des Bauteils, an dem Versuche durchgeführt werden können. Zur Versuchsdurchführung wird eine ebene, horizontale Fläche der Abmessung 2,0 m x 2,0 m benötigt.
- Gesicherte Entsorgungsmöglichkeit für das anfallende Strahlwasser (es gelten die Entsorgungsvorschriften für Wasserstrahlbaustellen).
- Gelegenheit zur Versuchsauswertung auf der Baustelle.
- Möglichkeit der Probenentnahme zur Bestimmung der Materialkenngrößen.
- Vorhandensein von Unterlagen zum Bauwerk, aus denen Erkenntnisse über Materialkenngrößen gewonnen werden können.

4.2.2 Materialkenngrößen des Baustellenbetons

Von dem in den Versuchen auf Baustellen bearbeiteten Beton werden in unterschiedlichem Umfang Proben entnommen. Diese werden im Institut für Baumaschinen und Baubetrieb (ibb) der RWTH Aachen und im Institut für Bauforschung Aachen (ibac) untersucht. Alle für die Versuchsauswertung relevanten Betonkennwerte werden im Rahmen der Möglichkeiten ermittelt. Dazu zählen die Zuschlagart, das Zuschlaggrößtkorn, der Zuschlaggehalt, die Sieblinie, die Zylinderdruckfestigkeit und die Würfeldruckfestigkeit. Die Ergebnisse und weitere Angaben zu den Baustellen sind den Anlagen 3 und 4 zu entnehmen. Darüberhinaus werden auf den Baustellen-Versuchsflächen jeweils Untersuchungen mit dem Rückprallhammer durchgeführt, um, wie bei den Probekörpern, möglichst die für den Wasserstrahlabtrag relevanten Werte der äußeren Schale des Betons zu erfassen. Aus den Rückprallwerten wird mit Hilfe der Eichkurven des Geräteherstellers /27/ auf die wahrscheinlichen Würfeldruckfestigkeiten geschlossen.

Zu Vergleichszwecken werden Proben aus einem der Betonprobekörper (Probekörper Nr. 32) entnommen, mit denen die gleichen Untersuchungen durchgeführt werden wie mit den Proben der Baustellenbetone. Da die Materialkennwerte dieses Betons bekannt sind, kann so die Aussagekraft der Untersuchungen überprüft werden. Die Auswertung des Kontroll-Betons ergab die Übereinstimmung mit den bekannten Materialkennwerten.

4.2.3 Durchführung der Baustellenversuche

Bei allen Baustellenversuchen wird der Druckerzeuger "S 2000" (Beschreibung in Abschnitt 4.1.2.1) eingesetzt. Der mobile HDWS-Versuchsstand kann auf allen Baustellen-Versuchsflächen problemlos eingesetzt werden. Mit Ausnahme der Baustelle 101 wird auf allen besuchten Baustellen das HDWS-Verfahren eingesetzt, so daß die Wasserversorgung und die Wasserentsorgung kein Problem darstellen. Insgesamt werden 116 Einzelversuche auf Baustellen durchgeführt.

5. Versuchsauswertung

5.1 Meßergebnisse

Die in den Versuchen am häufigsten verwendete Abtragsform ist die Einzelkerbe (siehe Abschnitt 4.1.2, Abb. 21). Die erfaßten Meßergebnisse werden entsprechend mit "*Kerbtiefe*" h_K und "*Kerbvolumen*" V_K bezeichnet. Da das Kerbvolumen unabhängig von der Dichte des inhomogenen Baustoffs Beton bestimmt werden kann, wird diese Zielgröße der Bestimmung der Abtragsmasse vorgezogen. Das abgetragene Volumen je Zeiteinheit wird mit "*Abtragsrate*" $\dot{V}_K$ bezeichnet.

Folgende Ergebnisse wurden meßtechnisch erfaßt bzw. errechnet (Abbildung 22):

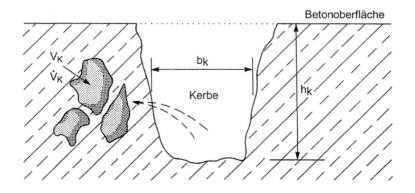

Abb. 22: *Meßgrößen.*

- Kerbtiefe h_k in mm
- Kerbbreite b_k in mm
- Kerbvolumen V_K in cm^3
- normiertes Kerbvolumen V_K in cm^3/m
- Volumen-Abtragsrate $\dot{V}_K$ in cm^3/s

$$V_K = \frac{V_K}{l_K} \cdot 100 \qquad (7)$$

$$\dot{V}_K = \frac{V_K \cdot u}{l_K \cdot n} \qquad (8)$$

mit: u = Vorschubgeschwindigkeit [cm/s]
l_K = Kerblänge [cm]
n = Anzahl der Übergänge [-]

Zur Bestimmung dieser Größen werden umfangreiche Voruntersuchungen durchgeführt, auf die im folgenden näher eingegangen wird /34/.

Die Rauheit und die Ebenheit des erzeugten Betonuntergrundes wird qualitativ durch Sichtprüfung beurteilt.

Die Festigkeit des bearbeiteten Betonuntergrundes ist entscheidend für die Haftzugfestigkeit eines Instandsetzungssystems. Die Anforderungen, die ein Betontraggrund zur Aufnahme eines Instandsetzungssystems erfüllen muß, sind in Richtlinien /7/ /8/ festgelegt. Zur Beurteilung der Festigkeit werden Oberflächenzugfestigkeitsversuche in Anlehnung an DIN 1048 Teil 2 /22/ und die ZTV-SIB 90 /8/ durchgeführt. Weiterhin werden Untersuchungen zur Klärung der Fragestellung durchgeführt, ob nach dem HDWS-Einsatz Risse im Betonuntergrund verbleiben.

5.1.1 Bestimmung der Kerbtiefe

Bei der Bearbeitung des Betons mit dem Hochdruckwasserstrahl entstehen Kerben, die zerklüftete Innenflächen aufweisen. Der Kerbgrund, der zur Bestimmung der Kerbtiefe von Bedeutung ist, hat in Quer- und Längsrichtung einen unebenen Verlauf. Wegen dieses ungleichmäßigen Tiefenprofils gibt die Messung an nur einer Stelle der Kerbe keinen Aufschluß über die durchschnittliche Kerbtiefe.

Als Methode zur Kerbtiefenbestimmung wird die mechanische Tiefenabtastung mit einer Meßnadel gewählt. Voruntersuchungen haben gezeigt, daß diese Methode für die anstehenden Messungen hinreichend genau ist. Wegen der Vielzahl der zu messenden einzelnen Tiefenabstiche wird eine an einer Meßschiene geführte Meßnadel konstruiert. Vor der Messung wird die Meßnadel auf die Probekörperoberfläche kalibriert. Die Meßnadel wird, geführt an der Schiene, vom Auswerter über die Position der Kerbe verfahren, an der der Tiefenabstich durchgeführt werden soll. Die Meßnadel wird an dieser Stelle manuell gegen Federdruck in die Kerbe eingeführt, bis sie am Kerbgrund aufsetzt. In dieser Position wird über eine elektronische Anzeige die Kerbtiefe digital angezeigt. Das Umsetzen von einer Tiefenmeßposition zur nächsten ist für Schrittweiten von drei und fünf Zentimeter vorgerastert und wird vom Auswerter je nach Kerbsituation individuell eingestellt. Zwischenwerte können beliebig ermittelt werden. Die Konstruktion der Tiefenmeßeinrichtung ist in Abbildung 23 dargestellt.

Die mittlere Kerbtiefe ist das arithmetische Mittel der Einzelmessungen.

$$h_k = \frac{1}{n} \cdot \sum_{i=1}^{n} h_{ki} \qquad (9)$$

mit: h_k = mittlere Kerbtiefe [mm]
h_{ki} = Kerbtiefe des i-ten Abstiches [mm]
n = Anzahl der Messungen [-]

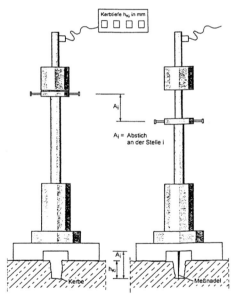

Abb. 23: Mechanische Tiefenmeßeinrichtung.

Zu Kontrollzwecken werden bei verschiedenen Kerben Mehrfachmessungen durchgeführt. Dabei zeigt sich, daß die Ergebnisse im Durchschnitt um maximal fünf Prozent differieren. Damit liegt die Meßgenauigkeit mit dieser Methode über der Reproduzierbarkeit von Ergebnissen beim Einsatz des Hochdruckwasserstrahls zum Betonabtrag. Wegen des großen Einflusses des zerklüfteten Kerbgrundes vergrößert sich der relative Fehler bei geringer werdender Kerbtiefe, so daß die Aussagekraft abnimmt.

Eine genauere, aber wesentlich aufwendigere Methode zur Bestimmung der mittleren Kerbtiefe ist die Vermessung eines Abdruckes der Kerbe. Wegen des hohen Aufwandes beim Einsatz dieser Methode wird auf ihren Einsatz verzichtet. Die höhere Meßgenauigkeit dieser Methode ist zur Erzielung gesicherter Ergebnisse nicht notwendig.

5.1.2 Bestimmung der Kerbbreite

Die Kerbbreite wird durch einfache Messung mit dem Metermaß bestimmt. Für das Ziel der Verfahrensoptimierung ist die Kerbbreite nur von geringem Interesse. Sie wird direkt beeinflußt von der Strahl-Wirkbreite und von der Strahlbewegung. Im Rahmen der Untersuchungen wird die Kerbbreite nur für wenige Detailuntersuchungen ermittelt.

5.1.3 Bestimmung des Kerbvolumens

Wegen der verschiedenen Kerbformen, die wiederum auf die variierenden Betriebs- und Strahlparameter zurückzuführen sind, werden bei den Untersuchungen unterschiedliche Methoden zur Bestimmung des Kerbvolumens auf ihre Anwendbarkeit und Aussagekraft hin untersucht. Die möglichen Meßverfahren müssen das tatsächliche Kerbvolumen ausreichend genau wiedergeben. Untersucht werden folgende Verfahren:

- Volumenbestimmung mit Wasser,
- Volumenbestimmung mit Meßsand,
- Volumenbestimmung mit einem mechanischen Meßtaster,
- Volumenbestimmung mit einem Silikonkautschukabdruck.

Zur Feststellung des geeigneten Verfahrens wird folgendermaßen vorgegangen:

Betonwürfel der Festigkeitsklasse B25 mit einer Kantenlänge von 20 cm werden mit dem Hochdruckwasserstrahl bearbeitet. Durch Variation der Betriebs- und Strahlparameter entstehen 9 Kerben, die unterschiedliche geometrische Formen aufweisen. Dabei werden exemplarisch die in der Praxis vorkommenden Kerbvarianten hergestellt. Die Kerben 1 bis 4 sind etwa 20 mm, die Kerben 5 bis 9 etwa 2 mm - 3 mm breit. Die Kerbtiefen liegen zwischen 15 mm und 30 mm. Alle Kerben werden vor der Volumenbestimmung seitlich mit einem Silikonpfropfen abgedichtet. Die Ergebnisse der Vergleichsmessungen mit den verschiedenen Verfahren sind der Anlage 5 zu entnehmen. Die Versuche ergeben, daß der Normsand EK I der für die Versuchsauswertung am besten geeignete Stoff für die Kerbvolumenbestimmung ist. Die Stoffauswahl wird im folgenden noch näher beschrieben.

Bei der Auswertung der späteren Serienversuche stellt die Zuordnung von Randausbrüchen zum Kerbvolumen ein Problem dar. Hier wird so verfahren, daß offensichtliche Extremausbrüche, die als nicht repräsentativ für die entsprechende Kerbe angesehen werden, unberücksichtigt bleiben. Die Berücksichtigung derartiger zufallsbedingter Ausbrüche würde zu einer Verfälschung der Ergebnisse der Kerbvolumen führen. Charakteristische Ausbrüche, wie sie zum Beispiel bei geradlinigen Schnitten ohne Strahl-Querbewegung in Probekörpern höherer Festigkeit häufig vorkommen, werden dem jeweiligen Kerbvolumen zugerechnet.

Volumenbestimmung mit Wasser

Zunächst gilt es, das tatsächliche Volumen möglichst genau zu bestimmen. Als Methode hierfür wird die relativ aufwendige Volumenbestimmung mit Wasser gewählt. Durch Auffüllen der Kerbe mit Wasser kann das tatsächliche Volumen sehr genau bestimmt werden, da das Wasser in alle Zwickel dringt. Um das kapillare Saugen des Betons zu vermeiden, werden die Kerbflächen vorher mit einem Imprägnierungsmittel hydrophobiert. Nach dem Ausgießen der Kerbe mit Wasser wird das Volumen über die Masse des eingefüllten Wassers bestimmt.

$$V_K = \frac{m_W}{\rho_W} \tag{10}$$

mit: V_K = Kerbvolumen [cm^3]
m_W = Masse des Wassers [g]
ρ_W = Dichte des Wassers [g/cm^3]

Dieses Verfahren eignet sich für alle Kerbformen gleichermaßen. Der zeitliche Aufwand zur Volumenbestimmung ist wegen der Imprägnierungsmaßnahme groß. Bei den Serienversuchen ist die Methode deshalb zur Kerbvolumenbestimmung ungeeignet. Der ermittelte Volumenwert wird als Referenzwert zur Beurteilung der anderen Meßverfahren herangezogen.

Volumenbestimmung mit Meßsand

Zur Bestimmung eines geeigneten Meßsandes werden Testmessungen mit drei verschiedenen Meßsanden durchgeführt. Folgende Sande kommen zum Einsatz:

- Normsand, Einzelkörnung I (EK I) nach DIN 1164,
  Korndurchmesser: 0,08 - 0,5 mm,
- Normsand, Einzelkörnung II (EK II) nach DIN 1164,
  Korndurchmesser: 0,5 - 1,0 mm,
- "Mischsand", Korndurchmesser: < 0,5 mm.

Zuerst werden die Schüttdichten der Meßsande bestimmt:

- Normsand (EK I): $\rho_S = 1{,}39$ g/cm^3
- Normsand (EK II): $\rho_S = 1{,}37$ g/cm^3
- "Mischsand": $\rho_S = 1{,}39$ g/cm^3

Anschließend werden die Kerben mit jedem der Sande bündig zur Betonoberfläche aufgefüllt. Das Kerbvolumen wird berechnet nach der Gleichung:

$$V_K = \frac{m_S}{\rho_S} \qquad (11)$$

mit: V_K = Kerbvolumen [cm^3]
m_S = Masse des Meßsandes [g]
ρ_S = Schüttdichte des Meßsandes [g/cm^3]

Die gemessenen Volumina und die prozentualen Abweichungen von den mit Wasser als Richtwert bestimmten Volumina sind der Anlage 5 zu entnehmen.

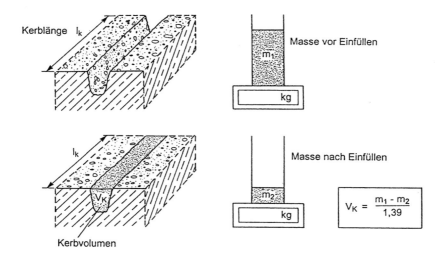

Abb. 24 Kerbvolumenbestimmung mit Meßsand.

Die mit Meßsand bestimmten Volumina sind etwas geringer als die Richtwerte. Es ist zu erkennen, daß bei allen Sanden die Volumenabweichung bei den breiteren Kerben 1 bis 4 maximal 3% beträgt, wobei der Normsand EK II geringfügig schlechtere Ergebnisse liefert. Bei den schmalen Kerben liegen die Abweichungen beim Normsand EK I und beim "Mischsand" im Bereich von 3% bis 5% und beim Normsand EK II zwischen 4% und 7%. Die größere Abweichung beim EK II ist durch die gröbere Körnung zu erklären. Die bis zu ein Millimeter großen Einzelkörner können die feineren Zwickel der schmalen Kerben nicht ausfüllen. Insgesamt nimmt die Volumenabweichung bei dieser Meßmethode mit schmaler und flacher werdenden Kerben zu.

Nach dem Vergleich der Meßgenauigkeiten und Anwendungsmöglichkeiten der verschiedenen Verfahren (Anlage 5) wird die Volumenbestimmung mit Meßsand EK I als Standardverfahren zur Kerbvolumenbestimmung gewählt. Kontrollmessungen durch Mehrfachmessungen verschiedener Kerben der Versuchsserien ergeben eine durchschnittliche Abweichung von fünf Prozent.

Volumenbestimmung mit mechanischen Meßwerkzeugen

Werden die Einzelgrößen Kerbtiefe, Kerbbreite und Kerblänge mechanisch gemessen, so kann das Kerbvolumen durch Multiplikation ermittelt werden. Die Bestimmung der Kerbtiefe wurde bereits früher in diesem Kapitel beschrieben. Die Breite der Kerben 1 bis 4 wird mit einem Innentaster gemessen. Da der Kerbquerschnitt eine trapezähnliche Form hat, wird zur Bildung eines arithmetischen Mittels die Breite am Kerbgrund, in der Kerbmitte und am oberen Kerbrand gemessen. Die Breite der schmalen Kerben 5 bis 9 kann aus meßtechnischen Gründen nur am oberen Kerbrand bestimmt werden. Die Länge der Kerben wird mit einem Metermaß gemessen. Die berechneten Volumina sind in der Anlage 5 aufgelistet.

Bei den Kerben 1 bis 4 liegt die Volumenabweichung zu den Richtwerten zwischen 4% und 8%. Bei den schmaleren Kerben ist die Abweichung erheblich größer und erreicht Werte bis zu 25%. Dieser Meßfehler ist auf die technisch nur ungenau erfaßbare Kerbtiefe und Kerbbreite schmaler Kerben zurückzuführen.

Die Volumenbestimmung mit mechanischen Meßwerkzeugen ist relativ aufwendig, da eine Vielzahl von Meßstellen erforderlich sind, um hinreichend genaue Mittelwerte zu erhalten.

Volumenbestimmung mit Silikonkautschuk

Bei diesem Verfahren wird die Kerbe mit Silikonkautschuk ausgegossen. Nach der Aushärtung und Entfernung aus der Kerbe liegt ein Positivabdruck der Kerbe vor. Es kommen zwei verschieden Sorten Silikonkautschuk zum Einsatz, die unterschiedliche Eigenschaften haben:

Typ A: hochviskoser, nicht fließfähiger Silikonkautschuk,
Typ B: niedrigviskoser, fließfähiger Silikonkautschuk auf Zweikomponentenbasis (Silikonkautschuk + 3 Gew.-% Vernetzer).

Die Kerben 1, 2, 5, 6, 9 werden mit Silikonkautschuk des Typs A und die Kerben 3, 4, 7, 8 mit Silikonkautschuk des Typs B verfüllt. Nach ca. 24 Stunden kann die ausgehärtete elastische Silikonkautschukmasse durch Abstemmen des umliegenden Betons unbeschädigt entnommen werden. Es entstehen Positivabdrücke der Kerben. Die Kerbvolumina werden durch Unterwasserwägung bestimmt.

Bei den breiten Kerben 1 bis 4 liegt die Volumenabweichung zu den Richtwerten sowohl beim Silikonkautschuk des Typs A als auch beim Silikonkautschuk des Typs B bei 3%. Bei den schmalen Kerben vergrößert sich der Meßfehler beim hochviskosen Silikonkautschuk erheblich und erreicht Werte um 30%. Das Material ist zu zäh, um bis zum Kerbgrund vordringen zu können. Es entstehen Hohlräume, die das Meßergebnis verfälschen und die Aussagekraft herabsetzen. Der niedrigviskose Silikonkautschuk dagegen fließt langsam bis zum Kerbgrund und füllt auch engere Zwickel aus. Die Volumenabweichung liegt hier bei 5%.

Mit Hilfe der Abgüsse ist die Bestimmung der Meßgrößen Kerbtiefe und Kerbbreite ebenfalls sehr einfach möglich. Zur Bestimmung der mittleren Kerbtiefe wird zunächst die Kerbfläche bestimmt. Dazu wird die senkrechte Projektion der Abgüsse, erzeugt durch Fotokopie der Abdrücke, mit Hilfe eines Polarplanimeters ausgemessen. Die mittlere Kerbtiefe erhält man durch Division der Kerbfläche durch die Kerblänge. Die mittlere Kerbbreite errechnet sich aus der Division des vorher bestimmten Kerbvolumens durch die Kerblänge und Kerbtiefe. Insgesamt ist dieses Verfahren bei gleicher Genauigkeit jedoch aufwendiger als die Bestimmung des Kerbvolumens mittels Meßsand. Der Vorteil, daß die Kerbvolumenbestimmung mit Silikonkautschuk auch an vertikalen Flächen eingesetzt werden kann, ist für die Versuche nicht von Bedeutung, da nur horizontale Flächen bearbeitet werden.

5.2 Beurteilung der Abtragsqualität und des Untergrundes

Neben den geometrischen Abtragsgrößen ist die physikalische und mechanische Untergrundbeschaffenheit der wassergestrahlten Flächen von Bedeutung. Die Anforderungen an den Traggrund, der einen festen und dauerhaften Verbund zwischen Altbeton und dem zu applizierenden Instandsetzungssystem garantieren soll, sind in Richtlinien festgelegt /7/ /8/. Grundsätzlich soll der Betonuntergrund nach dem Abtrag eine ausreichende Rauheit sowie eine möglichst ebene Oberflächentopographie aufweisen. Er soll darüber hinaus eine möglichst gleichmäßige und große Oberflächenzugfestigkeit besitzen und frei sein von trennenden Substanzen wie z.B. Schlammresten. Weiterhin sind, abhängig vom zu applizierenden Instandsetzungssystem, die Untergrundfeuchte und die chemische Verträglichkeit von Bedeutung.

Im Labor werden zur Untersuchung der Traggrundqualität Probekörper mit dem Wasserstrahl flächig etwa 2 cm tief abgeschält. Der entstandene Untergrund wird mit verschiedenen Methoden untersucht.

5.2.1 Optische Beschreibung der Abtragsfläche

In einer optischen Beurteilung werden Aussagen über die Verteilung von Zuschlag und Bindemittelmatrix in der gestrahlten Oberfläche getroffen. Je nach Einstellung der Systemparameter und der vorliegenden Materialparameter wird die gestrahlte Oberfläche zu unterschiedlichen Anteilen durch Zuschlag oder Bindemittelmatrix charakterisiert.

Von großer Bedeutung für die Haftung eines zu applizierenden Instandsetzungsmaterials ist die Kornbeschaffenheit des Zuschlags nach dem Strahlen. Darunter ist zu verstehen, ob überwiegend gebrochenes oder gerundetes Korn an der Oberfläche sichtbar ist. Weiterhin werden Hinweise zu Abtragsbesonderheiten gegeben. Dies können z. B. entstandene Kavernen, Löcher, Randausbrüche oder Ausspülungen sein. Eine optische Beschreibung der Abtragsflächen der flächig abgetragenen Probekörper ist der Anlage 6 zu entnehmen.

5.2.2 Beurteilung der Rauheit

Zur Beurteilung der Rauheit hydrodynamisch bearbeiteter Oberflächen wird zweckmäßigerweise unterschieden zwischen der Grob- und der Feinrauheit (Mikrorauheit). Unter Grobrauheit soll hier eine solche Oberflächenrauheit des Betonuntergrundes erfaßt werden, bei der maximale Profilhöhen R_y nach DIN 4762 in der Größenordnung der Zuschlagkörner vorliegen /28/. Die Feinrauheit bezeichnet in diesem Sinne die Oberflächenrauheit der nach dem Strahlen sichtbaren Zuschlagkornoberflächen und der Bindemittelmatrixoberfläche, wobei die maximalen Profilhöhen hier unter einem Millimeter liegen. Es wird also beurteilt, ob die Oberfläche glatt, poliert oder sandpapierartig erscheint.

Beim Einsatz reiner Wasserstrahlen ist die Feinrauheit durch die Wahl der Systemparameter nicht beeinflußbar. Sie hängt in großem Maße von den Materialparametern des bearbeiteten Betons ab. Abhängig von den vorliegenden Materialparametern, kommt es entweder zum kornbrechenden oder kornfreispülenden (kornrundenden) Abtrag. Zum kornbrechenden Abtrag kommt es immer dann, wenn höhere Betonfestigkeiten vorliegen. Der Beton wird in diesem Falle scheibenförmig abgesprengt, wobei die Zuschlagkörner zerbrechen. Die Feinrauheit ist bei gebrochenem Zuschlag entsprechend hoch. Beim kornfreispülenden Abtrag wird der Zementstein zwischen den Zuschlagkörnern herausgespült und das Korngerüst freigelegt. Die Zuschlagkörner weisen die Feinrauheit auf, die sie bei der Betonherstellung besaßen, bei Kieszuschlag z.B. ist die Feinrauheit gering. Eine planmäßige

Erhöhung der Feinrauheit ist durch die Zugabe von Abrasivstoffen zum Wasserstrahl, durch das sogenannte Naß-Sand-Strahlen, möglich.

Wie bereits erwähnt wird die Abtragsart kornbrechend oder kornfreispülend nicht durch die Einstellung der Systemparameter allein beeinflußt. Die Materialparameter sind hierfür entscheidend. Darauf wird in Abschnitt 5.4 noch näher eingegangen.

Es gibt verschiedene Möglichkeiten, die Rauheit zu beurteilen. Ein einfaches Verfahren zur Bewertung der Abtragsart (kornbrechend oder kornfreispülend), das Hinweise auf die Feinrauheit gibt, ist die visuelle Beurteilung der abgetragenen Fläche. Die gebrochenen und freigespülten Zuschlagkörner werden jeweils ausgezählt und die prozentualen Anteile an der Traggrundoberfläche können angegeben werden. Nach der Bearbeitung unterschiedlicher Betone können die Auszählergebnisse vergleichend bewertet werden.

Die ZTV SIB 90 /8/ schlägt zur Bestimmung der Rauhtiefe das Sandflächenersatzverfahren nach Kaufmann vor. Ein definiertes Quarzsandvolumen V ($25\text{ cm}^3 \leq V \leq 50\text{ cm}^3$) wird aus einem Gefäß auf die trockene und saubere Betonoberfläche geschüttet. Die Körnung des trockenen Quarzsandes ist 0,1 mm bis 0,5 mm. Der Sand wird anschließend mit einer Hartholzscheibe ($\varnothing$ 5 cm, 1 cm dick) ohne Druck durch spiralförmige Kreisbewegungen in die Oberfläche eingerieben, bis die Vertiefungen gerade gefüllt sind. Danach wird der Durchmesser des Quarzsandkreises gemessen. Die Rauhtiefe R_t ist definiert als Höhe des gedachten zylindrischen Körpers mit dem Kreisdurchmesser d und dem Sandvolumen V.

Dieses Verfahren eignet sich in erster Linie zur Beurteilung der Rauheit bei planmäßig aufgerauhten Oberflächen, weniger zur Beurteilung der Grobrauheit beim Abtrag mit dem Wasserstrahl.

5.2.3 Beurteilung der Ebenheit

Als Ebenheit wird die Abweichung einer Oberfläche von der Ebene bezeichnet. Gewünscht wird in der Regel eine möglichst hohe Ebenheit des Betonuntergrundes nach der Untergrundvorbereitung. Bei der visuellen Beurteilung der Ebenheit nach dem Strahlen wird das Gesamtbild aus den nach dem Strahlen verbleibenden Zuschlag- und Bindemittelbestandteilen betrachtet.

Bedingt durch den selektiven Wasserstrahl-Abtrag weist die gestrahlte Oberfläche grundsätzlich eine unebene Struktur auf. Nach dem Strahlen entsteht eine "Kraterlandschaft". Beobachtungen auf Baustellen und an Probekörpern zeigen, daß die Unebenheit des Untergrundes in der gleichen Größenordnung liegt wie die mittlere Ist-Abtragstiefe. Wird beim Wasserstrahl-Abtrag z.b. eine mittlere Abtragstiefe von 8 cm erreicht, dann liegt die tatsächliche Abtragstiefe in der Regel zwischen 4 und 12 cm.

Die Prüfung der Ebenheit wird in Anlehnung an DIN 18202 (Toleranzen im Hochbau) durchgeführt. Dazu wird eine Richtlatte auf die Hochpunkte der bearbeiteten Oberfläche gelegt. Als Meßbasis dient eine Linie oberhalb der Abtragsspitzen, die sich durch die unmittelbare Auflage der Richtlatte auf den gestrahlten Untergrund ergibt. Von dieser Meßbasis aus werden im Abstand von 5 cm bis 10 cm Abstiche auf den Untergrund vorgenommen. Anhand der gemittelten Abstiche werden Aussagen zur relativen Ebenheit gemacht. Um ein eindeutiges Beurteilungskriterium zu erhalten, müssen die gemessenen Werte in Relation zu der Abtragstiefe gesetzt werden.

Da in den Versuchen nur relativ kleine Bereiche der Probekörper flächig bearbeitet werden, werden keine Ebenheitsuntersuchungen nach dieser Methode durchgeführt. Die gemachten Aussagen zur erreichbaren Ebenheit können aber durch Messungen auf Baustellen, auf denen großflächiger Betonabtrag mit Wasserstrahl-Geräten durchgeführt wurde, bestätigt werden.

5.2.4 Rißuntersuchungen

Immer wieder entstehen in Fachkreisen Diskussionen darüber, ob nach dem Einsatz hydrodynamischer Verfahren zum Betonabtrag im Betonuntergrund Risse verbleiben oder ob durch den Einsatz dieser Verfahren Risse in den Untergrund eingetragen werden und dadurch möglicherweise eine Traggrundschädigung hervorgerufen wird /5/ /6/ /9/ /10/ /29/ /30/.

Es besteht Einigkeit darüber, daß hydrodynamische Verfahren im Vergleich zu anderen Verfahrenstechniken die den Untergrund am wenigsten schädigenden Verfahren sind. Die vorherrschende Meinung ist die, daß, bedingt durch die selektive Abtragsweise des Wasserstrahls, im Betonuntergrund vorhandene Schwachstellen und Risse zu einem Großteil aufgespürt und beseitigt werden. Bedingt durch die Abtragsmechanismen des Hochdruckwasserstrahls werden jedoch immer auch Risse im Beton initiiert. Es stellt sich also die Frage, in welchem Umfang und abhängig von welchen Prozeßparametern nach dem Strahlübergang noch Risse im Untergrund verbleiben. Von Interesse ist vor allem, welcher Art derartige Risse, soweit vorhanden, sind und ob sie traggrundschädigend wirken.

Nach der hydrodynamischen Bearbeitung werden immer wieder Risse im Untergrund gefunden. Dünnschliffuntersuchungen belegen dies /9/ /29/ /30/. Es stellt sich jedoch die Frage, ob diese gefundenen Risse ursächlich auf den Wasserstrahleinsatz zurückzuführen sind oder ob sie bereits vor dem Wasserstrahlabtrag im Beton vorhanden waren. Untersuchungen des Schweizer Fachverbandes für Hydrodynamik am Bau /9/ weisen darauf hin, daß nach Wasserstrahleinsätzen keine signifikanten Rißeintragungen im Untergrund vorliegen. Eine Ausnahme bilden nur besonders schlanke Bauteile, die mit HDWS-Geräten bearbeitet wurden. Hier besteht die Vermutung, daß diese Bauteile durch die hydrodynamische Beanspruchung zu Schwingungen angeregt werden, wodurch Risse in die Konstruktion eingetragen werden.

Es stellt sich die Frage, in welchem Umfang der Wasserstrahl in der Lage ist, Risse, vorhandene und initiierte, für den Abtrag zu nutzen und in welchem Umfang nach der Bearbeitung Risse im Untergrund zurückbleiben. Zu untersuchen ist zum einen, ob und in welchem Umfang nach der hydrodynamischen Bearbeitung Risse vorhanden sind. Zum anderen interessiert die Frage, ob die gefundenen Risse ursächlich auf den Einsatz des Wasserstrahls zurückzuführen sind. Diese Frage läßt sich nur klären, wenn exakt die gleiche Bearbeitungsstelle vor und nach der hydrodynamischen Bearbeitung untersucht wird. Aufgrund der zerstörenden Prüfung zur Rißfeststellung besteht diese Möglichkeit nicht. Alternativ kommen statistische Verfahren in betracht, die aber zur Erzielung gesicherter Aussagen einen relativ großen Probenumfang erfordern.

Alle bislang durchgeführten Rißuntersuchungen nach Wasserstrahleinsätzen, die an Dünnschliffen vorgenommen wurden, wurden nicht an nahezu identischen Stellen vor und nach dem Einsatz durchgeführt. Sie erlauben daher keine Aussage über die etwaige Entstehung der Risse durch die hydrodynamische Belastung. Die Dünnschliffuntersuchung kann als direkte Methode zur Feststellung von Rissen bezeichnet werden. Die Risse werden einzeln sichtbar und können ausgezählt werden. Eine weitere, indirekte Methode wurde häufiger eingesetzt, um Rückschlüsse auf das Vorhandensein von traggrundschädigenden Rissen zu ziehen. Es handelt sich dabei um Abreiß- oder Oberflächenzugfestigkeitsprüfungen am wassergestrahlten Untergrund. Auf diese Untersuchungen wird in Abschnitt 5.2.5 näher eingegangen.

Für die durchzuführenden Untersuchungen wird ein Untersuchungsprocedere entwickelt, das der direkten Untersuchung der identischen Stelle vor und nach dem Wasserstrahlen sehr nahe kommt.

An vier Beton-Probekörpern werden derartige Rißuntersuchungen durchgeführt. Dazu wird beidseitig eine ca. 2 cm dicke Betonschicht in einem begrenzten Teilbereich mit dem Hochdruckwasserstrahl abgeschält. Es werden beide zur Verfügung stehenden Druckerzeuger eingesetzt. Die Druckerzeugereinheit "S 2000" wird mit maximalen Strahlparametern gefahren (p_{max} = 195 MPa, Q_{max} = 13 l/min bei 0,8 mm Düsendurchmesser). Die Druckerzeugereinheit "325 Z P 26" wird mit den Strahlparametern p = 105 MPa und Q = 29 l/min bei 1,2 mm Düsendurchmesser gefahren. Die eingesetzten effektiven Strahlleistungen liegen damit in der gleichen Größenordnung. Durch den Einsatz beider Druckerzeuger bei annähernd gleichen Strahlleistungen kann der eventuell vorhandene Einfluß der unterschiedlichen Fördermengen mit berücksichtigt werden. Als Betriebsparameter werden der Strahlwinkel zu 0° und die Strahlbewegung Rotation mit dem Rotationsdurchmesser 20 mm und der Rotationsfrequenz 100 min^{-1} gewählt. Die Vorschubgeschwindigkeit der Düse wird als variable Größe den Abtragsergebnissen eines Probeabtrags der jeweiligen Probekörper angepaßt, so daß möglichst genau die Soll-Abtragstiefe von 20 mm eingehalten werden kann. Die vier bearbeiteten Probekörper stellen einen repräsentativen Querschnitt durch die verschiedenen Festigkeitsklassen dar. Außerdem wird der Parameter Zuschlaggrößtkorn zwischen 16 und 32 mm variiert.

Nach dem Strahlen werden Bohrkerne aus dem Übergangsbereich gestrahlt/nicht gestrahlt gezogen. Die Vorgehensweise bei der Probenvorbereitung zur Rißuntersuchung ist schematisiert auf Abbildung 25 dargestellt. Von den Bohrkernen werden Anschliffe der Abmessung 100 x 150 mm^2 angefertigt. Auf einem Anschliff sind unmittelbar benachbart die gestrahlte und die nicht gestrahlte Stelle zu sehen. Ein Anschliff enthält jeweils zwei Untersuchungsstellen, die im Mikroskop auf Risse untersucht werden (Abbildung 26). Die Ergebnisse der Rißuntersuchungen sind in der Tabelle 5 zusammengestellt.

Insgesamt werden 12 Anschliffe mit 24 Untersuchungsstellen ausgewertet. Es zeigt sich, daß in keinem der nicht gestrahlten Bereiche Risse vorhanden sind. Es kann deshalb davon ausgegangen werden, daß keine Vorschädigung durch Risse in den untersuchten Beton-Probekörpern vorhanden war.

Im hydrodynamisch beanspruchten Bereich werden hingegen in 17 Untersuchungsstellen Risse gefunden. Dabei ist keine signifikante Abhängigkeit der Rißzahlen von den Material- und den Systemparametern erkennbar. Die Rißlängen liegen überwiegend bei wenigen Millimetern. Kein Riß ist länger als 20 mm. Die Rißbreiten liegen überwiegend unter 0,1 mm. Das entspricht den Erkenntnissen über die Wirkungsweise des Hochdruckwasserstrahls und steht in gewissem Widerspruch zu den Werbeargumenten der Gerätehersteller und der ausführenden Unternehmen. Vergleichsuntersuchungen mit Fräs-, Stemm- und Strahlverfahren deuten jedoch darauf hin, daß es durch den HDWS-Einsatz zu einer eher geringeren, nicht nachweisbaren Rißschädigung kommt /9/ /10/. Systematische und wissenschaftlich fundierte Vergleichsuntersuchungen stehen hier jedoch noch aus.

Von Bedeutung für die eventuelle Beeinträchtigung der Traggrundqualität ist der Rißverlauf. Negativ wirken sich in erster Linie oberflächenparallele Risse aus /7/. Der Rißverlauf hängt entscheidend davon ab, ob und an welcher Stelle der Riß auf Zuschlagkörner trifft. Risse werden, wie bereits in Abschnitt 2.5.2 beschrieben, durch Überschreitung von Zugspannungen an der Oberfläche initiiert. Es ist also davon auszugehen, daß die durch den Wasserstrahl erzeugten Risse zunächst senkrecht zur Oberfläche verlaufen. Der weitere Rißfortschritt ist dann neben den strahlseitigen hydrodynamischen und hydrostatischen Druckverstärkungsprozessen im Riß vor allem von der Materialbeschaffenheit abhängig. An Unstetigkeitsstellen, wie zum Beispiel beim Auftreffen auf Zuschlagkörner, kann es zum Richtungswechsel des Rißverlaufes kommen, so daß der Riß sich parallel zur Oberfläche fortpflanzt. Der Rißverlauf wäre damit rein zufällig bedingt. Etwa zwei Drittel der gefundenen Risse verlaufen teilweise oberflächenparallel, was die angesprochene Zufallstheorie stützt. Alle gefundenen Risse gehen von der Oberfläche aus. Auffällig ist die Tatsache, daß die Mehrzahl der oberflächenparallelen Risse mit größeren Rißbreiten (> 0,1 mm) in Materialvorsprüngen angetroffen wird (Abbildung 26). Es handelt sich um bereits gelöstes Material, das vom Wasserstrahl nicht weggefördert wurde.

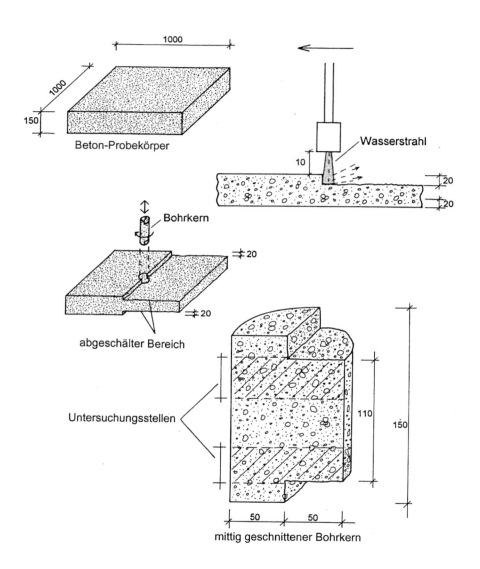

Abb. 25: *Vorgehensweise bei der Probenvorbereitung zur Rißuntersuchung.*

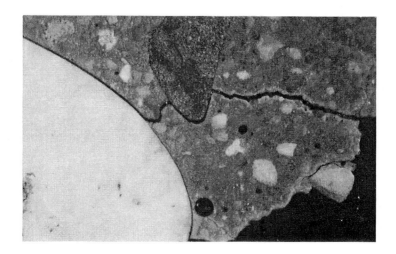

|⎯⎯⎯⎯| 2 mm

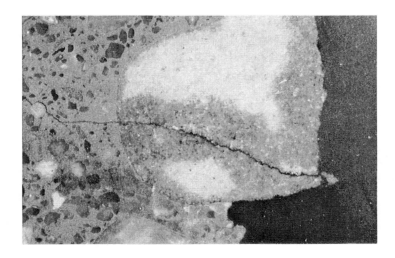

Abb. 26: Exemplarische Darstellung der hydrodynamisch belasteten Bereiche zweier Untersuchungsstellen. Auf beiden Flächen sind Risse erkennbar.
oben: Rißablenkung am Zuschlagkorn.
unten: Kornbruch mit Rißfortsetzung im Feinmörtel.

Probe Nr.	Druckfestigkeit calβ_{W200} [N/mm²]	Größtkorn [mm]	Strahldruck [MPa]	Anzahl Risse gesamt	Anzahl Risse Oberflächen-parallel *)
24.1 I	40	16	0	0	0
24.2 I	40	16	105	1	1
24.3 I	40	16	195	0	0
24.1 II	45	16	0	0	0
24.2 II	45	16	105	0	0
24.3 II	45	16	195	1	1
28.1 I	42	16	0	0	0
28.2 I	42	16	105	0	0
28.3 I	42	16	195	2	2
28.1 II	47	16	0	0	0
28.2 II	47	16	105	4	2
28.3 II	47	16	195	1	1
39.1 I	45	16	0	0	0
39.2 I	45	16	105	1	1
39.3 I	45	16	195	1	0
39.1 II	49	16	0	0	0
39.2 II	49	16	105	2	2
39.3 II	49	16	195	3	2
43.1 I	49	16	0	0	0
43.2 I	49	16	105	4	2
43.3 I	49	16	195	2	0
43.1 II	54	16	0	0	0
43.2 II	54	16	105	1	0
43.3 II	54	16	195	1	1
55.1 I	38	32	0	0	0
55.2 I	38	32	105	3	2
55.3 I	38	32	195	3	3
55.1 II	47	32	0	0	0
55.2 II	47	32	105	1	0
55.3 II	47	32	195	1	1

*) Ein Riß wurde auch dann als oberflächenparallel klassifiziert, wenn er nur in einem Teilabschnitt parallel zur Oberfläche verläuft.

Tabelle 5: Auswertung der Rißzahlen.

Die Versuche belegen eine Rißinitiierung im gestrahlten Betonuntergrund. Über eine Zuordnung zwischen Materialparametern, Rißanzahlen und Rißverläufen können wegen des geringen Probenumfangs mit 24 Untersuchungsstellen keine statistisch gesicherten Aussagen getroffen werden. Wegen der Vielzahl der Einflußparameter müßten für eine endgültige Klärung weitere Versuche mit einer größeren Anzahl an Untersuchungsstellen durchgeführt werden. Die gefundenen Risse lassen für die bearbeiteten Flächen nicht auf eine signifikante Traggrundschädigung schließen. Diese Aussage wird gestützt durch die Ergebnisse von Oberflächenzugprüfungen, die in Abschnitt 5.2.5 beschrieben werden.

5.2.5 Messungen der Oberflächenzugfestigkeit

Mehr als die in Abschnitt 5.2.4 beschriebenen Rißuntersuchungen dienen Prüfungen der Oberflächenzugfestigkeit des bearbeiteten Untergrundes der Beurteilung der Traggrundqualität und der Eignung des Abtragsverfahrens. Vom Schweizerischen Fachverband für Hydrodynamik am Bau /9/ und SILFWERBRAND /10/ wurden umfangreiche Messungen der Oberflächenzugfestigkeit an hydrodynamisch beanspruchten Flächen durchgeführt. Dabei wurden durchweg zufriedenstellende Oberflächenzugfestigkeitsgwerte festgestellt. Bei den von SILFWERBRAND durchgeführten Vergleichstests lagen die auf wassergestrahltem Untergrund gemessenen Werte stets über denen, die an Vergleichsflächen gemessen wurden, die mit mechanischen Abtragsverfahren bearbeitet waren.

Die bei den Wasserstrahl-Untersuchungen flächig abgeschälten Bereiche von Probekörpern (Tabelle 6) werden durch Oberflächenzugfestigkeits-Prüfungen auf ihre Eignung als Traggrund für die Applikation von Beton- oder Betonersatzsystemen untersucht. Es soll festgestellt werden, ob auf den bearbeiteten Flächen signifikante Unterschiede der Oberflächenzugfestigkeiten gegenüber den unbearbeiteten Vergleichsflächen auftreten. Als Richtwert zur Beurteilung der Eignung für die Applikation von Instandsetzungssystemen wird der in den Richtlinien /7/ /8/ für die Applikation der meisten Instandsetzungssysteme angegebene erforderliche Wert von β_{OZ} = 1,50 N/mm^2 verwendet. Anzumerken ist, daß eine richtliniengemäße Vorgehensweise bei der Durchführung der Oberflächenzugprüfungen wegen der besonderen Struktur des bearbeiteten Untergrundes nicht möglich ist. Die gewählte Vorgehensweise wird, soweit wie möglich, an die Vorschriften der Richtlinien angelehnt. Die absolut ermittelten Oberflächenzugwerte können wegen der verschiedenen Vorgehensweisen bei der Prüfung jedoch nicht mit denen anderer, nach /7/ und /8/ durchgeführter Versuchsreihen verglichen werden. Sie geben jedoch in der Relation zu den Vergleichs-Nullproben ausreichende Informationen, um Rückschlüsse auf die Untergrundqualität ziehen zu können.

(1) Vorgehensweise bei den Oberflächenzugprüfungen

An sieben Betonprobekörpern werden partiell Flächen mit dem Hochdruckwasserstrahl abgeschält. Die Probekörper, an denen Rißuntersuchungen durchgeführt werden, sind im Probenumfang für die Oberflächenzugprüfungen enthalten. Die eingestellten Systemparameter sind dieselben wie bei der Vorbereitung der Proben für die Rißuntersuchungen (siehe Abschnitt 5.2.4). Die Soll-Abtragstiefe beträgt auch hier 2 cm.

Wegen der starken Grobrauheit und Unebenheit des Betonuntergrundes muß zunächst die Untersuchungsstelle mit einem speziellen Mörtel aufgefüttert und egalisiert werden, um eine ebene Oberfläche zum Aufkleben des Zugstempels zu schaffen. Verwendet wird die in Anlage 7 beschriebene Kombination aus Haftbrücke und Epoxidharzmörtel. Entscheidend für die Auswahl des Mörtels ist seine hohe Eigenzugfestigkeit, die über der des Kernbetons liegen muß, um brauchbare Ergebnisse zu liefern. Die Untersuchungsstellen werden mit einer Diamantbohrkrone naß und mindestens zwei Zentimeter tief in den Betonuntergrund vorgebohrt. Die von den Vorgaben der Richtlinien abweichende Vorbohrtiefe ist wegen der unebenen Untergrundstruktur notwendig. Um den Vergleich mit der Oberflächenzugfestigkeit des unbearbeiteten Betons durchführen zu können, werden entsprechend auf jedem Betonprobekörper unbehandelte Untersuchungsstellen (0-Flächen) einbezogen. Aus Gründen der Vergleichbarkeit werden auch diese mindestens zwei Zentimeter tief vorgebohrt. Die Zementhaut der unbehandelten Vergleichsflächen wird durch Abschleifen entfernt. Der Durchmesser des aufgeklebten Zugstempels beträgt d_s = 50 mm. Eine Übersicht über die Prüfergebnisse geben Abbildung 27 und Tabelle 6.

Als Prüfgerät für die Abreißprüfungen steht ein Herion Haft-Prüfgerät des Typs HP-EM mit regelbarer Kraft-Anstiegsgeschwindigkeit zur Verfügung. Das Gerät ist ausgestattet mit einem Zugkolben A mit 3,2 kN maximaler Zugkraft und einem Zugkolben B mit 10 kN maximaler Zugkraft. Mit dem Zugkolben A kann die in der ZTV-SIB 90 und in der DIN 1048 für Oberflächenzugversuche vorgeschriebene Kraft-Anstiegsgeschwindigkeit von 100 N/s für einen Zugstempel von d_s = 50 mm Durchmesser erreicht werden. Die minimale Kraft-Anstiegsgeschwindigkeit, die mit dem Zugkolben B realisierbar ist, beträgt 250 N/s. Alle Abreißversuche werden zunächst mit dem Zugkolben A mit 100 N/s Kraft-Anstiegsgeschwindigkeit durchgeführt. Wird der mit dem Zugkolben A maximal erreichbare Oberflächenzugfestigkeitswert von 1,60 N/mm² überschritten, so wird eine weitere Abreißprüfung mit dem Zugkolben B mit einer Belastungsgeschwindigkeit von 250 N/s bis zum Abriß durchgeführt.

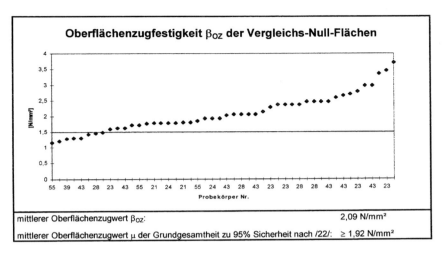

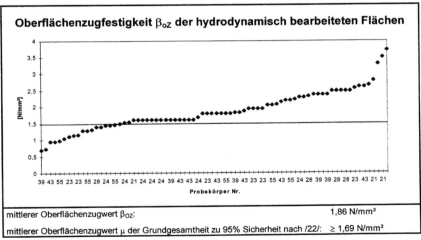

Abb. 27: Ergebnisse der Oberflächenzugfestigkeitsmessungen.

Für die Auswertungen werden die Trennfälle B (Bruch im Beton) und B/D (Bruch in der Grenzfläche Beton/Beschichtung) berücksichtigt /7/, der Trennfall B wird nochmals unterteilt in die Fälle Bruch im Beton tiefer als 0,5 cm und $\leq$ 0,5 cm. In 37% der Fälle liegt der Bruch tiefer als 0,5 cm im Beton. In den übrigen 63% liegt der Bruch in der äußeren Feinmörtelzone oder es liegt der Trennfall B/D vor.

Probe-körper Nr.	Festigkeits-klasse	Festigkeit ermittelt calβ_{W200} [N/mm^2]	Größtkorn [mm]	Vorschub (Mittelwert) u [cm/s]	Systemdruck p [MPa]	mittl. Abreiß-festigkeit β_{HZ} [N/mm²]	Anzahl Prüfungen
21 I	B 35	35	32	-	0-Fläche	1,72	3
21 I	B 35	35	32	2,5	105	2,40	3
21 II	B 35	47	32	-	0-Fläche	1,84	3
21 II	B 35	47	32	2,5	105	2,85	6
23 I	B 45	38	32	-	0-Fläche	2,76	4
23 I	B 45	38	32	2,5	105	1,52	5
23 II	B 45	52	32	-	0-Fläche	2,48	3
23 II	B 45	52	32	2,5	105	1,95	4
24 I	B 25	40	16	-	0-Fläche	2,08	3
24 I	B 25	40	16	2,5	195	1,52	5
24 II	B 25	45	16	-	0-Fläche	2,14	2
24 II	B 25	45	16	3,5	105	1,56	2
24 II	B 25	45	16	2,5	195	1,82	4
28 I	B 35	42	16	-	0-Fläche	1,85	3
28 I	B 35	42	16	2,5	195	2,20	2
28 II	B 35	47	16	-	0-Fläche	2,16	3
28 II	B 35	47	16	3,5	105	1,40	1
28 II	B 35	47	16	2,5	195	2,27	5
39 I	B 45	45	16	-	0-Fläche	1,83	4
39 I	B 45	45	16	2,5	195	1,75	3
39 II	B 45	49	16	-	0-Fläche	2,79	2
39 II	B 45	49	16	2,5	105	1,81	4
39 II	B 45	49	16	2,5	195	1,93	3
43 I	B 55	49	16	-	0-Fläche	1,64	4
43 I	B 55	49	16	3,5	105	1,87	3
43 I	B 55	49	16	2,5	195	1,93	5
43 II	B 55	54	16	-	0-Fläche	2,32	9
43 II	B 55	54	16	3,5	105	1,54	1
43 II	B 55	54	16	2,5	195	1,58	10
55 I	B 55	38	32	-	0-Fläche	1,61	3
55 I	B 55	38	32	3,5	105	1,39	2
55 I	B 55	38	32	3,5	195	1,56	5
55 II	B 55	47	32	-	0-Fläche	1,51	1
55 II	B 55	47	32	3,5	105	1,30	3
55 II	B 55	47	32	5	195	2,04	1

Tabelle 6: Ergebnisse der Oberflächenzugfestigkeitsmessungen.

(2) Auswertung der Oberflächenzugprüfungen

Die Auswertung ergibt, daß die Oberflächenzugfestigkeitswerte der hydrodynamisch bearbeiteten Flächen in der gleichen Größenordnung liegen wie die der Vergleichs-Null-Proben. Weiterhin ergibt die Auswertung, daß die Oberflächenzugwerte der meisten Untersuchungsstellen über dem in den Richtlinien angegebenen Wert β_{OZ} = 1,50 N/mm² liegen (Tabelle 6). Der mit einer statistischen Sicherheit von 95% ermittelte mittlere Oberflächenzugwert aller Prüfungen hydrodynamisch bearbeiteter Flächen liegt bei 1,69 N/mm². Wegen der an die Versuchsbedingungen angepaßten, nicht genau den Vorgaben der Richtlinien entsprechenden Vorgehensweise, ist ein direkter Vergleich mit Werten, die bei exakt richtlinienkonformer Vorgehensweise ermittelt wurden, nicht möglich. Dies liegt insbesondere an der größeren Vorbohrtiefe, aber auch an der bei der Belastung bis zum Abriß verwendeten größeren Kraft-Anstiegsgeschwindigkeit von 250 N/s. Die größere Vorbohrtiefe führt zu etwas niedrigeren Haftzugwerten, während die höhere Kraft-Anstiegsgeschwindigkeit zu höheren Werten führt. Insgesamt liegen die Oberflächenzugfestigkeiten niedriger als dies bei richtlinienkonformer Vorgehensweise bei den entsprechenden Betondruckfestigkeiten zu erwarten gewesen wäre. Die Werte stimmen jedoch in der Größenordnung mit den Werten überein, die in den Untersuchungen /9/ und /10/ ermittelt wurden.

Fazit:

Der Traggrund ist, wenn man die im Mittel überschrittene Oberflächenzugfestigkeit von 1,50 N/mm^2 zugrunde legt, für die Applikation von Beton- und Betonersatzsystemen geeignet. Zwischen den unbehandelten und den mit dem Wasserstrahl bearbeiteten Stellen ist kein wesentlicher Unterschied der Oberflächenzugfestigkeiten feststellbar. Es ist weiterhin kein wesentlicher Unterschied zwischen den Oberflächenzugfestigkeitswerten der mit 195 MPa und der mit 100 MPa Wasserdruck gestrahlten Flächen feststellbar. Es kann ebenfalls keine Korrelationen zwischen den Oberflächenzugfestigkeitswerten und den verschiedenen Materialparametern festgestellt werden. Vergleicht man die Ergebnisse der Oberflächenzugfestigkeitsprüfungen mit den Ergebnissen der Rißuntersuchungen, so ist auch hier kein Zusammenhang erkennbar. Die Oberflächenzugfestigkeitswerte der Flächen, die bei den Rißuntersuchungen deutliche Rißbildung zeigen, unterscheiden sich nicht wesentlich von den Werten der Flächen, die weniger stark ausgeprägte Rißbildung aufweisen. Man kann auch davon ausgehen, daß es durch die Applikation der Haftbrücke zu einer Verklebung von Rissen im oberflächennahen Bereich gekommen ist. Der Einfluß auf die Oberflächenzugwerte wird dadurch verringert.

Zu beachten ist, daß in Anbetracht der Vielzahl der Variationsmöglichkeiten der Prozeßparameter die Gesamtzahl von 126 Einzelprüfungen nicht ausreicht, um statistisch gesicherte Erkenntnisse über die Zusammenhänge zu gewinnen. Hier wäre ein erheblich größerer Prüfungsumfang notwendig. Die Eignung des hydrodynamisch beanspruchten Untergrundes als Traggrund für Betoninstandsetzungssysteme wird jedoch grundsätzlich nachgewiesen. Es ist durch hydrodynamische Betonbearbeitung nicht mit solchen Traggrundschädigungen zu rechnen, die weitere Maßnahmen erforderlich machen.

Ein Vergleich mit den in der Schweiz durchgeführten Untersuchungsergebnissen /9/ weist eindeutige Parallelen auf. Auch die absoluten Oberflächenzugwerte liegen in beiden Fällen in der gleichen Größenordnung. Damit kann die Schlußfolgerung, daß es unabhängig vom Pumpendruck durch die HDWS-Bearbeitung nicht zu einer negativen Beeinträchtigung des Untergrundes kommt, grundsätzlich bestätigt werden. Zur Erlangung gesicherter Erkenntnisse sind jedoch weitere systematische Untersuchungen notwendig, die insbesondere die Qualität des durch hydrodynamische Beanspruchung erzeugten Traggrundes im Vergleich zum Traggrund nach Anwendung anderer Abtragsverfahren berücksichtigen müßten.

5.3 Auswertungsprogramm

Zur Auswertung der Ergebnisse wurde ein spezielles Auswertungsprogramm mit der Bezeichnung "HDWS" entwickelt /31/. Das rechnergestützte System stellt Funktionen zur Datenverwaltung und automatisierte Prozesse zur Auswertung zur Verfügung. Nur mit Hilfe eines derartigen rechnergestützten Systems ist die Verarbeitung der großen Datenfülle (1486 Einzelversuche) in der zur Verfügung stehenden Zeit möglich. Von entscheidender Bedeutung ist die Möglichkeit zur einfachen Zwischenauswertung, die der Parameterreduzierung (siehe Abschnitt 3.5) dient.

Das Programm ist in die Systembereiche "Datenverwaltung" und "Datenanalyse" unterteilt. Der Datenverwaltungsteil ist wiederum untergliedert in die Teile "Datenerfassung", "Datensicherung" und "Datenzugriff". Die bei der manuellen Auswertung ermittelten Werte können über automatisierte Prozeduren direkt in das Programm eingelesen werden. Im Programm werden sie entsprechend den eingerichteten Sortierkriterien erfaßt und gesichert und stehen dann der Datenanalyse zur Verfügung. Die Erfassung der Daten geschieht in vier Listen: "Liste M" enthält die Materialparameter des Betons, "Liste B" enthält die Angaben zur Bewehrung, "Liste V" enthält alle Systemparameter und "Liste E" enthält die gemessenen und die aufbereiteten Ergebnisse der Einzelversuche. Die vollständigen Listen sind in den Anlagen 3 und 10 enthalten.

Die Datenanalyse untergliedert sich in die "Voruntersuchung", die "statistische Auswertung" und die "freie Auswertung". Die Voruntersuchung ermöglicht die schnelle Abschätzung systematischer Zusammenhänge, die anschließend in der detaillierten statistischen Auswertung näher untersucht werden können. Die freie Auswertung bietet die Möglichkeit, Datensätze aus dem Programm mit seinen festgelegten Darstellungsformen zu exportieren und mit anderen Auswertungshilfen weiter zu untersuchen und darzustellen.

Das Programm bietet umfangreiche graphische Darstellungsmöglichkeiten. Die folgenden statistischen Funktionen werden für die Auswertung der Versuchsdaten verwendet.

5.3.1 Univariate Analyse

Mit Hilfe von Häufigkeitsverteilungen und Mittelwertberechnungen können Analysen einzelner Parameter und ihrer Ausprägungen vorgenommen werden. Wechselwirkungen mit weiteren Parametern lassen sich zwar durch das Filtern von Versuchsdaten mit bestimmten Einstellungen dieser Parameter herausarbeiten, vornehmliches Interesse gilt aber der Untersuchung von Auswirkungen verschiedener Einstellungen jeweils eines gewählten Parameters. Ein Beispiel wäre die Untersuchung, ob die Karbonatisierung der äußeren Betonschicht einen signifikanten Einfluß auf das Abtragsergebnis mit dem Hochdruckwasserstrahl hat (siehe Abschnitt 5.4.4.8).

In einem Histogramm wird die Häufigkeitsverteilung der untersuchten Ergebnisse graphisch veranschaulicht. Die visuelle Analyse von Verteilungsfunktionen dient der Interpretation von Lage- und Streuungsmaßen. Die Ausprägungen von Ergebnisparametern, die im Meßbereich beliebige Werte annehmen können, werden von der Anwendung automatisch in Klassen eingeteilt.

In einem zweiten Diagramm werden die Mittelwerte der einzelnen Ausprägungen durch proportionale Säulen dargestellt. Aus Stichproben berechnete Mittelwerte sind Schätzwerte für die Erwartungswerte der Grundgesamtheit. Je nach Umfang und Verteilung der zugrunde liegenden Stichprobe unterscheidet sich der Schätzwert vom tatsächlichen Mittelwert der Grundgesamtheit. Konfidenzintervalle zu einem wählbaren Konfidenzniveau zeigen den Bereich an, in dem die tatsächlichen Mittelwerte liegen. Ein Beispiel für eine derartige graphische Ergebnisdarstellung ist in Anlage 8 gegeben.

5.3.2 Streudiagramm

Als weitere Möglichkeit der Versuchsauswertung dienen Streudiagramme. Sie eignen sich zur graphischen Beschreibung der Beziehung metrisch skalierter Merkmale, deren Abstände sich interpretieren lassen. Das Streudiagramm gibt diese Abstände proportional wieder. Zweck der Untersuchung mit dem Streudiagramm ist es, das mögliche tendenzielle Verhalten eines bestimmten gewählten Parameters zu erkennen. Ein Beispiel wäre die Untersuchung, ob die Betondruckfestigkeit der äußeren Betonschicht einen signifikanten Einfluß auf das Abtragsergebnis mit dem Wasserstrahl hat (siehe Abschnitt 5.4.4.1).

Mit Hilfe von Filterkriterien können bestimmte Datengruppen, z.B. alle Versuche, die mit einem bestimmten Düsendurchmesser durchgeführt wurden, gezielt ausgewertet werden, um so eventuelle Zusammenhänge, die sich in der Gesamtheit aller Ergebnisse nicht erkennen lassen, zu finden.

In das Streudiagramm lassen sich lineare, polynomische oder logarithmische Trendkurven einblenden, die funktionale Zusammenhänge verdeutlichen. Die Ausgleichsfunktionen der jeweiligen Regressionen werden ebenso wie die Bestimmtheitsmaße angegeben. Ein Beispiel für eine derartige graphische Ergebnisdarstellung ist in Anlage 8 gegeben.

5.3.3 Korrelationsanalyse

Während die beschriebene univariate Analyse und die Auswertung mittels Streudiagramm jeweils Aufschluß über Ergebniszusammenhänge einzelner Parameter geben, bietet die Korrelationsanalyse die Möglichkeit, Abhängigkeiten und Zusammenhänge untersuchter Parametergruppen zu quantifizieren. Die Korrelationsanalyse ist ein Verfahren zur Prüfung der Stärke einer linearen statistischen Beziehung zwischen Merkmalen. Es kommt die einfache Korrelation zwischen jeweils einzelnen Parametern einer ausgewählten Parametergruppe mit dem Ergebnis und die multiple Korrelation aller Parameter einer Gruppe mit dem Ergebnis zur Anwendung. Im Diagramm werden die einfachen Korrelationen der multiplen Korrelation durch Angabe der jeweiligen Korrelationskoeffizienten und Bestimmtheitsmaße gegenübergestellt. Der Vergleich gestattet Aussagen über den Beitrag der jeweils ausgewählten Parameter zum Ergebnis. Über Korrelationen und Wechselwirkungen der Parameter untereinander können jedoch keine Aussagen getroffen werden.

Ein Beispiel für eine Parametergruppe, die mit der Korrelationsanalyse untersucht wird, ist die Gruppe der Systemparameter (siehe Abschnitt 5.4).

Eine Gefahr besteht darin, daß die einzelnen, in einer Gruppe untersuchten Parameter untereinander nicht unabhängig sind. In diesem Falle käme es zur Angabe von Scheinkorrelationen, die ein falsches Bild der tatsächlichen Zusammenhänge bieten. Um derartige Scheinkorrelationen aufzudecken, wird die partielle Korrelation einzelner möglicher Parameterbeziehungen durchgeführt. Um den Einfluß eines Parameters U auf den Zusammenhang eines anderen Parameters X mit dem Ergebnis Y auszuschalten, wird dabei der Parameter U rechnerisch konstant gehalten. Die partielle Korrelation ist dann die unter Partialisierung des Parameters U bestimmte Korrelation zwischen dem Parameter X und dem Ergebnis Y. Ein Vergleich der Korrelationskoeffizienten vor und nach der Partialisierung gibt an, ob eine Parameterbeeinflussung vorliegt.

Eine weitere Möglichkeit, Wechselwirkungen von Parametern untereinander aufzudecken, ist die Festsetzung sogenannter "Ankervariablen". Dabei werden in einem zweiten Schritt der Korrelationsanalyse zu untersuchende Parameter aus der Analyse herausgenommen und die Korrelationskoeffizienten für jede ihrer Ausprägungen getrennt ermittelt. Parameter, die im ersten Schritt der Analyse keinen erkennbaren Beitrag zur Varianz der Ergebnisse liefern, können so dennoch in ihrer Wirkung auf die Ergebnisvarianz beurteilt werden. Ein Beispiel für derartige graphische Ergebnisdarstellungen ist in Anlage 8 dargestellt.

5.3.4 Multiple Regression

Um funktionale Abhängigkeiten eines Ergebnisses von mehreren unabhängigen Parametern zu untersuchen, kommt die multiple lineare und die multiple exponentielle Regression zur Anwendung.

Als Ergebnis dieser Untersuchung werden die partiellen Regressionskoeffizienten und das Absolutglied angegeben. Zur Abschätzung der Eignung der angegebenen Funktion wird zunächst ein Residuendiagramm ausgegeben, welches die Differenzen zwischen den gemessenen Ergebniswerten und den berechneten Werten der Regression grafisch darstellt. Daneben wird das multiple Bestimmtheitsmaß B angegeben. Es gibt an, welcher Anteil der Varianz des Ergebnisses (Regressand) durch die mit ihren Koeffizienten multiplizierten Parameter (Regressoren) erklärt wird. Weiterhin wird der Standardfehler der Regressionsfunktion SE_Y angegeben. Er bestimmt den Grad der Abweichung der durch die Regression berechneten Werte von den gemessenen Ergebniswerten. Die Standardfehler der Regressionskoeffizienten und des Absolutgliedes werden als Maß für die Streuung aller möglichen Regressionskoeffizienten ebenfalls angegeben.

Weitere Möglichkeiten der Abschätzung für die Eignung der Regression sind die Resultate eines F-Tests und die Bestimmung des kritischen t-Wertes. Der F-Test erlaubt eine Aussage darüber, ob ein funktionaler Zusammenhang bei einer gewählten statistischen Sicherheit gegeben ist. Der kritische t-Wert erlaubt eine Abschätzung darüber, ob einzelne Regressionskoeffizienten geeignet sind, gute Prognosewerte zu liefern.

Das Programm erlaubt an dieser Stelle die Durchführung einer Modellreduktion. Dabei wird eine erneute Regression unter Ausschluß eines oder mehrerer gewählter Parameter durchgeführt. Diese Möglichkeit wird dann genutzt, wenn sich herausstellt, daß ein bestimmter Parameter voraussichtlich ungeeignet oder unbedeutend für die Durchführung der Regression ist. Hier kann z.b. der Parameter mit dem kleinsten t-Wert für die Durchführung der Modellreduzierung gewählt werden. Im Diagramm werden beide Regressionen zu Vergleichszwecken gegenübergestellt. Ein Beispiel für derartige Ergebnisdarstellungen ist in Anlage 8 dargestellt.

5.4 Auswertung der Ergebnisse

Als Basis für die Ermittlung von Zusammenhängen zwischen verschiedenen System- und Materialparametern steht die Grundgesamtheit der Ergebnisse von 1486 Einzelversuchen zur Verfügung. Bei den Versuchen werden alle als sinnvoll erachteten Parametereinstellungen vorgenommen. Wie bereits beschrieben, werden im Laufe des Versuchsfortschritts solche Parameter aus den systematischen Betrachtungen eliminiert, die offensichtlich keinen entscheidenden Beitrag bei der Lösung der Aufgabenstellung liefern würden. Beispiele hierfür sind der Quervorschub v und der Strahlwinkel γ. Andere Parameter werden nur in bestimmten Ausprägungen eingehend untersucht. So werden z. B. nur drei verschiedene Vorschubgeschwindigkeiten u und nur zwei verschiedene Rotationsfrequenzen f_r näher betrachtet. Die späteren Auswertungen zeigen, daß hier noch weitere Untersuchungen sinnvoll sein können. Eine detailliertere Untersuchung im Rahmen des hier dargestellten Projektes ist in dem zur Verfügung stehenden Projektzeitraum jedoch nicht möglich. Im Laufe der Einzelauswertungen wird darauf näher eingegangen. Die Datenbasis, die der detaillierten Auswertung zugrunde liegt, ist eine aufbereitete, durch Vorauswertungen festgelegte Eingangsmatrix.

Unter Zuhilfenahme verschiedener Filterkriterien werden aus dieser Basis-Datenmatrix alle wesentlichen Informationen herausgezogen und so aufbereitet, daß schlüssige abgesicherte Aussagen über wesentliche Zusammenhänge zwischen den Versuchsparametern und den Versuchsergebnissen gemacht werden können.

Bei der Bearbeitung der Daten werden verschiedene, vom Auswertungsprogramm (siehe Abschnitt 5.3) bereitgestellte, graphische und statistische Verfahren genutzt.

5.4.1 Korrelationsanalysen von Parametergruppen

Mit Hilfe von Korrelationsanalysen wird versucht, den Einfluß der verschiedenen Parameter auf die Abtragsergebnisse abzuschätzen. Mit Hilfe der einfachen und der multiplen linearen Korrelation werden die Gruppen der System- und der Materialparameter zunächst getrennt untersucht. Anschließend werden diejenigen Parameter beider Gruppen, die signifikante Beiträge zur Varianz der Ergebnisse liefern, mit Hilfe der Korrelationsanalyse gemeinsam untersucht.

Die einfache Korrelation liefert Aussagen über die Beiträge der unterschiedlichen Parameter zum Ergebnis. Zusammenhänge der Parameter untereinander werden dabei nicht berücksichtigt. Das multiple Bestimmtheitsmaß als Ergebnis der multiplen Korrelation liefert jedoch eine Aussage darüber, inwieweit das Zusammenwirken der jeweils untersuchten Parameter die Varianz des betrachteten Ergebnisses erklärt.

Es zeigt sich, daß die Gruppe der Materialparameter einen wesentlich geringeren Einfluß auf die Varianz der Ergebnisse hat als die Gruppe der Systemparameter. Eine gewisse Ausnahme bildet hier nur der Materialparameter "Bewehrung", der einen signifikanten Einfluß auf die Kerbtiefe hat (Abbildung 28). Darauf wird in den Einzelbetrachtungen (Abschnitt 5.4.4.7) noch näher eingegangen. Die durch Umwelteinflüsse hervorgerufenen Materialveränderungen wie Karbonatisierung, Chloridbelastung und mangelnde Festigkeit durch schlechte Nachbehandlung in der Erhärtungsphase haben zwar, wie später gezeigt werden wird, Einfluß auf die Abtragsergebnisse, in der Gesamtbetrachtung liefern sie jedoch nur einen geringen Beitrag zur Erklärung der Varianz der Ergebnisse. Das gleiche gilt für die Materialparameter "Betondruckfestigkeit", "Betonalter" und "Zuschlaggrößtkorn". Als unbedeutend für die Beschreibung der Abtragsergebnisse haben sich die Parameter "Zementgehalt" und "Wasser-Zement-Wert" herausgestellt. Frühere Untersuchungen werden damit bestätigt /5/. Die Parameter "Zuschlagart" und "Sieblinie" werden nicht gesondert in der Korrelationsanalyse untersucht, da zu wenige Versuchsergebnisse zu verschiedenen Ausprägungen dieser Parameter vorliegen.

Insgesamt gilt, daß durch das Zusammenwirken der Materialparameter etwa 30% der Varianz der Kerbtiefe und weniger als 10% der Varianz der Abtragsrate erklärt werden können. Demgegenüber können durch das Zusammenwirken der Systemparameter etwa 70% der Varianz der Kerbtiefe und ebenso 70% der Varianz der Abtragsrate erklärt werden (Abbildung 28 bis 34). Außerdem wird deutlich, daß, im Vergleich, die Systemparameter Düsendurchmesser und Strahlleistung besonders großen Einfluß auf die Varianz der Ergebnisse haben. Dabei ist zu beachten, daß die beiden Parameter nicht unabhängig voneinander sind (siehe Abschnitt 3.2.3). Der univariate Korrelationskoeffizient für die Korrelation zwischen der Strahlleistung und der Kerbtiefe lautet 0,72. Unter Partialisierung des Parameters Düsendurchmesser beträgt der partielle Korrelationskoeffizient nur noch 0,43. Es ist also erkennbar, daß der Düsendurchmesser einen wesentlichen Einfluß auf die Korrelation zwischen der Strahlleistung und der Kerbtiefe hat. Der zunächst im Diagramm (Abbildung 29) angezeigte Korrelationskoeffizient gibt also in diesem Falle eine Scheinkorrelation wider, die durch Partialisierung neutralisiert werden muß. Das gleiche gilt für die Korrelation der Strahlleistung mit der Abtragsrate. Hier lautet der univariate Korrelationskoeffizient 0,70. Unter Partialisierung des Düsendurchmessers beträgt der partielle Korrelationskoeffizient 0,30.

Durch Ermittlung der partiellen Korrelationskoeffizienten sollen Scheinkorrelationen nach Möglichkeit aufgedeckt und von den weiteren Betrachtungen ausgeschlossen werden.

Es folgen die Darstellungen der Einzeluntersuchungen für die verschiedenen Prozeßparameter und Parametergruppen.

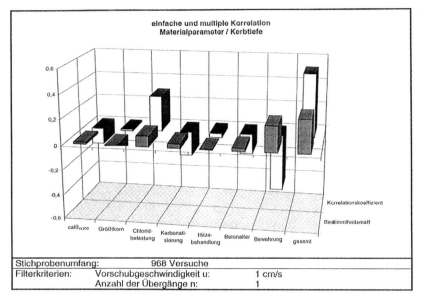

Abb. 28: *Korrelation zwischen Materialparametern und Kerbtiefe.*

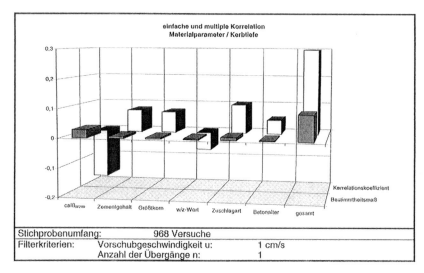

Abb. 29: *Korrelation zwischen Materialparametern und Kerbtiefe.*

Versuchsauswertung

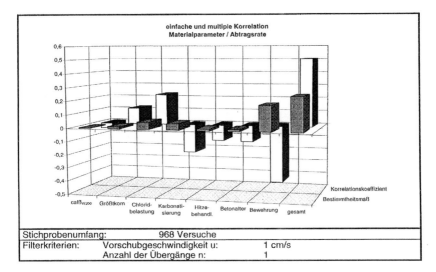

Abb. 30: Korrelation zwischen Materialparametern und Abtragsrate.

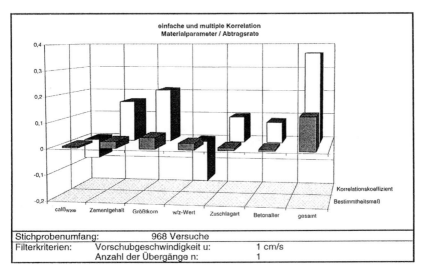

Abb. 31: Korrelation zwischen Materialparametern und Abtragsrate.

Versuchsauswertung Seite 114

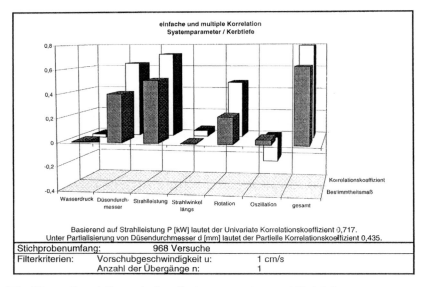

Abb. 32: Korrelation zwischen Systemparametern und Kerbtiefe.

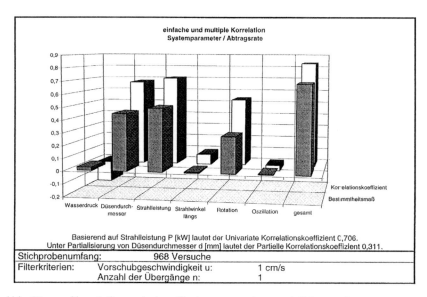

Abb. 33: Korrelation zwischen Systemparametern und Abtragsrate.

Versuchsauswertung   Seite 115

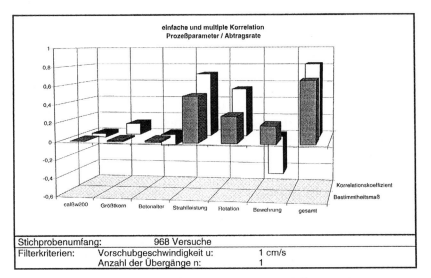

Abb. 34:   Korrelation zwischen Systemparametern und Abtragsrate.

5.4.2   Strahlparameter

5.4.2.1   Wasserdruck

Der Strahlparameter "Wasserdruck" ist eine in der Praxis vom Systembediener leicht zu variierende Größe, über die das Abtragsergebnis beeinflußt werden kann. Die Zusammenhänge zwischen den Abtragsergebnissen Kerbtiefe und Abtragsrate mit der Variation des Druckes sind aus Untersuchungen von WERNER bereits bekannt /5/ (siehe Abschnitt 2.6.1.1) und werden hier nicht systematisch einzeln untersucht. Die signifikante Abhängigkeit der Abtragsergebnisse vom Druck mit den in Abschnitt 2.6.1.1 beschriebenen Tendenzen konnte bei den Untersuchungen bestätigt werden. Die Auswirkung der Druckveränderung beruht auf der Variation des Fördervolumens, das mit der Wurzel des Druckes ansteigt.

Eine funktionale Abhängigkeit der Abtragsergebnisse allein vom Systemdruck läßt sich nicht erkennen. Vielmehr beeinflussen andere Prozeßparameter die Abtragsergebnisse entscheidend mit, so z.B. die Vorschubgeschwindigkeit und der Düsendurchmesser.

5.4.2.2 Düsendurchmesser

Der Strahlparameter "Düsendurchmesser" ist, wie der Wasserdruck, eine in der Praxis vom Systembediener leicht zu variierende Größe, über die ebenfalls das Abtragsergebnis entscheidend beeinflußt werden kann. Auch hier liegen bereits umfangreiche Versuchsergebnisse vor /5/, die durch die Untersuchungen bestätigt werden. Die Auswirkung der Düsendurchmesserveränderung auf die Abtragsergebnisse beruht auf der Variation des Fördervolumens, das mit dem Quadrat des Durchmessers ansteigt. Der Einfluß der Düsenduchmesservariation ist demzufolge größer als der Einfluß der Variation des Wasserdrucks, da dieser nur mit seiner Wurzel in die Formel für das Fördervolumen eingeht (siehe Gleichung 2). Einen wesentlichen Einfluß auf die Abtragsergebnisse hat die Wirkbreite des Wasserstrahls, die mit zunehmendem Düsendurchmesser steigt. Dadurch wird die Kerbbreite b_K vergrößert, wodurch der Abfluß des Strahlwasser-Strahlgut-Gemisches erleichtert wird und Dämpfungseffekte verringert werden.

Die Kerbtiefe wächst linear, die Abtragsrate wächst progressiv mit steigendem Düsendurchmesser. Ebenso wie der Wasserdruck ist der Düsendurchmesser allein jedoch nicht geeignet, den Abtrag ausreichend zu charakterisieren /5/.

5.4.2.3 Strahlleistung

Die prägnantesten Abhängigkeiten von allen untersuchten Parametern ergeben sich zwischen der effektiven Strahlleistung und den Abtragsergebnissen. Hier sind eindeutige, funktionale Abhängigkeiten erkennbar. Diese werden in der Praxis häufig nicht erkannt, da die Strahlleistung als abgeleitete Größe der Strahlparameter nicht direkt am Gerät einstellbar ist. In der Praxis wird häufig der Begriff "Druck-Liter-Leistung" verwendet, der ein Synonym für die Strahlleistung ist. Es ist wesentlich, daß in diesem Zusammenhang die effektiven Strahlleistungen betrachtet werden. Um diese zu ermitteln müssen die tatsächlichen Fördervolumen bekannt sein, die in Versuchen bestimmt werden. Die Strahlleistung kann dann nach Gleichung 3 (Abschnitt 2.6.1.3) bestimmt werden.

Mit zunehmender Strahlleistung nehmen die Kerbtiefen leicht degressiv zu (Abbildung 35). Der von WERNER /5/ gefundene Zusammenhang wird damit bestätigt. Für die Abtragsrate gilt, daß sie mit zunehmender Strahlleistung linear ansteigt (Abbildung 36). WERNER hat für die Abtragsrate einen progressiven Anstieg gefunden und dies mit dem überproportionalen Zuwachs an Abplatzungen bei höheren Strahlleistungen begründet. Ein solcher Zusammenhang kann hier jedoch nicht gefunden werden. Die Unterschiede sind vermutlich auf die unterschiedlichen Größen der Stichproben mit ihren unterschiedlichen Wertestreuungen zurückzuführen.

Die von WERNER gezogenen Schlußfolgerungen können jedoch grundsätzlich sowohl für die Aussagen zur Kerbtiefe als auch zur Abtragsrate bestätigt werden. Es kann ebenso bestätigt werden, daß die Düsenbauart bei Berücksichtigung der Ausflußzahlen α keinen Einfluß auf das Abtragsergebnis hat.

Fazit:

Durch die Variation der Strahlleistung sind die Kerbtiefe und die Abtragsrate am stärksten von allen System- und Materialparametern beeinflußbar. In der Praxis wird die Strahlleistung über die Wahl des Düsendurchmessers oder die Druckvorwahl variiert. Da der Düsendurchmesser quadratisch in die Leistungsformel eingeht, besteht hier die größte Möglichkeit der Beeinflussung.

Versuchsauswertung   Seite 118

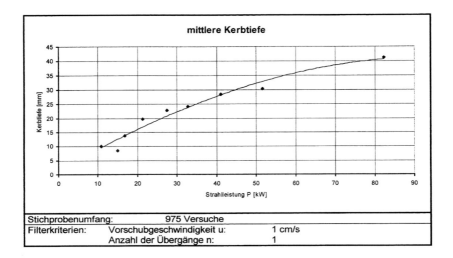

Abb. 35:   Abhängigkeit der Kerbtiefe von der Strahlleistung.

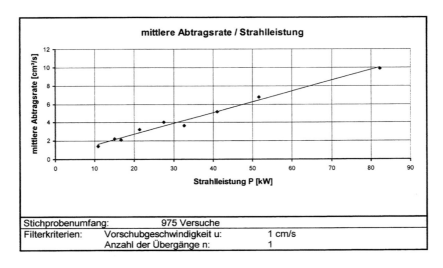

Abb. 36:   Abhängigkeit der Abtragsrate von der Strahlleistung.

5.4.3 Betriebsparameter

5.4.3.1 Vorschubgeschwindigkeit

Untersuchungen von WERNER haben gezeigt, daß die Vorschubgeschwindigkeit einen wesentlichen Einfluß auf die Varianz der Abtragsergebnisse hat. Die Zusammenhänge wurden bereits in Abschnitt 2.6.2.2 erläutert. Durch die Einstellung einer hohen Vorschubgeschwindigkeit kann die Abtragsrate unter Einbuße der Kerbtiefe erheblich gesteigert werden /5/. Die Grenze ist dort erreicht, wo aufgrund der Kürze der Belastungszeit kein Abtrag mehr erzielt werden kann oder wo gerätespezifisch keine Steigerung der Vorschubgeschwindigkeit möglich ist. Für die flächige Bearbeitung von Beton, sei es zur Aufrauhung oder zum Abtrag, ist die Einstellung einer hohen Vorschubgeschwindigkeit vorteilhaft.

Unter Vorschubgeschwindigkeit ist diejenige Geschwindigkeit zu verstehen, mit der der Wasserstrahl relativ zur gestrahlten Oberfläche bewegt wird. Das heißt, daß bei eingestellten Strahlbewegungen wie Rotation oder Oszillation die Vorschubgeschwindigkeit nicht gleich dem Längsvorschub u in der Hauptrichtung Y ist. Sie ist vielmehr abhängig von der eingestellten Rotations- bzw. Oszillationsfrequenz.

Die Vorschubgeschwindigkeit ist im Zusammenhang mit der Anzahl der Übergänge zu sehen. Die mehrfache Überfahrt mit hoher Vorschubgeschwindigkeit führt in der Regel zu besseren Ergebnissen als die einfache Überfahrt mit langsamerem Vorschub, bei insgesamt gleicher Belastungszeit des Strahlgutes (Abbildung 37 und 38).

In den Versuchen wird der Parameter Vorschubgeschwindigkeit nicht näher untersucht. Die Erkenntnisse vorangegangener Untersuchungen von WERNER werden genutzt, um sinnvolle Grundeinstellungen bei der Versuchsdurchführung vorzunehmen. Indirekt spielt die Vorschubgeschwindigkeit z.B. bei der Untersuchung der Strahlbewegung (siehe Abschnitt 5.4.3.5) wie die Anzahl der Übergänge eine erhebliche Rolle bei der Interpretation der gefundenen Zusammenhänge.

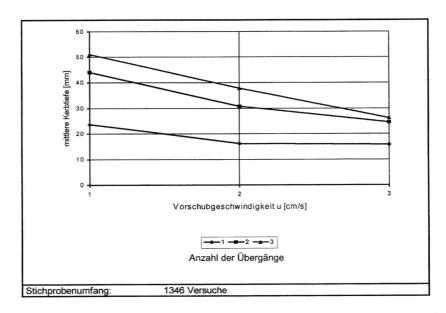

Abb. 37: Kerbtiefe in Abhängigkeit vom Längs-Vorschub und von der Anzahl der Übergänge.

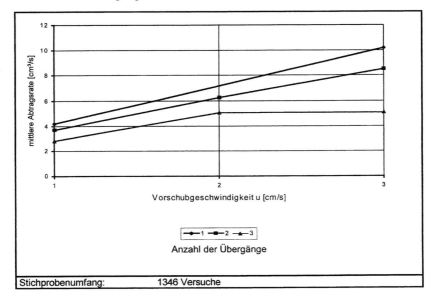

Abb. 38: Abtragsrate in Abhängigkeit vom Längs-Vorschub und von der Anzahl der Übergänge.

5.4.3.2 Anzahl der Übergänge

Ebenso wie der Betriebsparameter "Vorschubgeschwindigkeit" wird auch der Betriebsparameter "Anzahl der Übergänge" nicht gesondert untersucht. Auch hier werden die Ergebnisse früherer Untersuchungen genutzt, sinnvolle Grundeinstellungen für die Versuchsdurchführung vorzunehmen /5/.

Wesentlich ist, daß bei Mehrfachüberfahrten keine Nachführung der Strahldüse in vertikaler Richtung vorgenommen wird. Der Strahlabstand ist also nicht konstant, sondern vergrößert sich um den Betrag der Kerbtiefenzunahme von Übergang zu Übergang. Die Belastungsintensität nimmt also mit zunehmender Anzahl an Übergängen ab. Dies ist für die Interpretation unterschiedlicher Ergebnisse, die nach Mehrfachüberfahrten erzielt wurden, von Bedeutung. In der Praxis wird dort, wo maschinengeführte Düsenträger zum Einsatz kommen, also bei der großflächigen Betonbearbeitung, ebenfalls in der Regel keine Nachführung der Strahldüse vorgenommen. Diese wäre aus Gründen einer besseren Energieausnutzung zwar anzustreben, sie läßt sich aus technischen Gründen jedoch nur schwer verwirklichen. Wird Bewehrung vollständig freigelegt, so ist ein Nachführen der Düse bei maschinengeführten Geräten generell nicht möglich. Lediglich beim Einsatz von handgeführten Düsen wird eine Nachführung der Strahldüse vorgenommen. Für manuelle Einsätze läßt sich jedoch eine Optimierung der Systemparameter, die reproduzierbare Einstellungen erfordert, nur eingeschränkt durchführen.

Grundsätzlich gilt, daß ohne Nachführung der Strahldüse eine Grenztiefe durch weitere Veränderung der Betriebsparameter "Vorschubgeschwindigkeit" und "Anzahl der Übergänge" nicht überschritten werden kann. Die Belastungsintensität des Strahls reicht ab dieser Kerbtiefe nicht mehr aus, einen weiteren Materialabtrag herbeizuführen. Diese Grenztiefe wird z.B. erreicht durch sehr langsamen Vorschub bei einmaliger Überfahrt. Sie wird ebenfalls, jedoch in kürzerer Zeit, erreicht durch mehrmalige Überfahrt mit höherer Vorschubgeschwindigkeit. Der Energieaufwand zur Erreichung der Grenztiefe wird dadurch verringert. Wird die Gesamtbe-

Versuchsauswertung

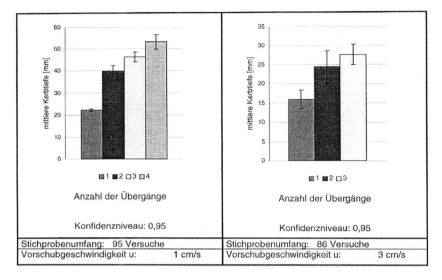

Abb. 39: Zusammenhang zwischen den mittleren Kerbtiefen, der Anzahl der Übergänge und der Vorschubgeschwindigkeit.

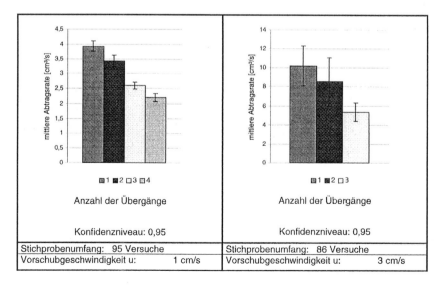

Abb. 40: Zusammenhang zwischen den mittleren Abtragsraten, der Anzahl der Übergänge und der Vorschubgeschwindigkeit.

lastungszeit konstant gehalten, so führt die Teilung der Belastungszeit in Mehrfachüberfahrten mit erhöhter Vorschubgeschwindigkeit zu einer Kerbtiefenzunahme bis zum Erreichen der Grenztiefe. Die Abbildung 39 zeigt, daß im Mittel bei dreifachem Übergang mit u = 3 cm/s Vorschubgeschwindigkeit eine um 25% höhere Kerbtiefe erreicht wird als bei einfachem Übergang mit u = 1 cm/s Vorschubgeschwindigkeit. Die Abtragsrate nimmt entsprechend der Kerbtiefenzunahme ebenfalls zu. Die Zunahme beträgt hier ca. 40% (Abbildung 40).

5.4.3.3 Strahlabstand

Der Betriebsparameter "Strahlabstand" wird nicht gesondert untersucht. Er wird bei allen Versuchen mit einfacher Überfahrt konstant mit a = 10 mm eingestellt. Bei Versuchen mit Mehrfachüberfahrten wird keine Nachführung der Strahldüse vorgenommen. Dadurch variiert der Strahlabstand entsprechend der Kerbtiefenzunahme. Auf die Auswirkungen der Variation des Strahlabstandes wurde bereits in Abschnitt 2.6.2.1 eingegangen.

5.4.3.4 Strahlwinkel

Die Auswirkungen des Strahlanstellwinkels φ in Vorschub-Längsrichtung auf das Abtragsergebnis werden untersucht. Dabei werden Strahlwinkel von -22°, +22° und 0° eingestellt (siehe Abb. 5). Es werden getrennt Stichproben bewehrter und unbewehrter Probekörper untersucht, nachdem die Ergebnisauswertungen gezeigt haben, daß bei den Abtragsergebnissen dieser beiden Stichproben erhebliche Unterschiede auftreten.

Zunächst fällt auf, daß für positive und negative Strahlwinkel von 22° keine signifikanten Unterschiede in den Ergebnissen erkennbar sind. Dies gilt für alle untersuchten Stichproben. Eine differenzierte Betrachtung bezüglich des Winkel-Vorzeichens ist also nicht notwendig. Generelle Unterschiede sind jedoch gegenüber einer Strahlwinkeleinstellung von 0° erkennbar.

Bei unbewehrtem Beton kommt es zu einer signifikanten Steigerung der Abtragsrate durch die Einstellung eines Strahlanstellwinkels von ± 22°. Die Steigerung beträgt im Mittel 30%. Die Kerbtiefe steigt um durchschnittlich 20%, wobei der Absolutwert der Steigerung mit ca. 4 mm weit unterhalb der Abtragstoleranzen liegt (siehe Abschnitt 5.2.3) und damit nicht von praktischer Bedeutung ist (Abbildung 41).

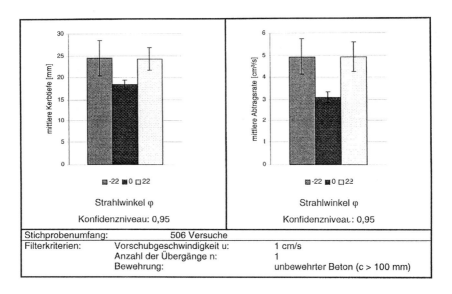

Abb. 41: *Abtragsergebnisse auf unbewehrtem Beton bei Einstellung und Variation eines Strahlwinkels.*

Die differenzierte Betrachtung der Stichprobe mit bewehrten Probekörpern führt teilweise zu gegensätzlichen Ergebnissen. Durch die Einstellung eines Strahlwinkels von ± 22° kommt es zu einer Verminderung der Abtragsrate um durchschnittlich 20%. Die Kerbtiefe steigt dagegen um 20% bei Absolutwerten um 8 mm an (Abbildung 42).

Bei der Strahlwinkeleinstellung sind die Auswirkungen auf die Abtragsrate also grundsätzlich unterschiedlich, je nachdem ob Bewehrung freigelegt wird oder nicht. Es kommt zu einer Überlagerung des Einflusses der Bewehrung über die Effekte, die sich durch die Strahlwinkeleinstellung ergeben, wobei der Bewehrungseinfluß überwiegt (siehe Abschnitt 5.4.4.7).

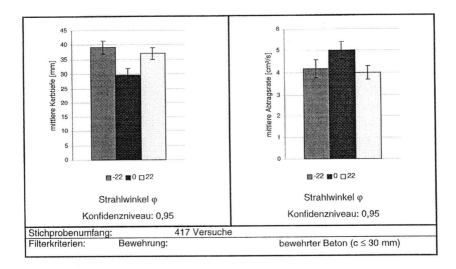

Abb. 42: Abtragsergebnisse auf bewehrtem Beton bei Einstellung und Variation eines Strahlwinkels.

Auffällig ist, daß die Einstellung positiver und negativer Winkel zu nahezu gleichen Abtragsergebnissen führt, obwohl die physikalischen Effekte unterschiedlich sind. Bei einem positiven Strahlwinkel wird das Wasser am Kerbgrund besonders stark am Abfluß gehindert. Über das sich bildende Wasserpolster wird dort ein hoher Druck auf eine relativ große Fläche übertragen, was dazu führt, daß Zuschlagkörner aus ihrem Verbund mit der Zementmatrix gelöst werden. Es kommt dadurch auch zu größeren Abplatzungen im Kerbrandbereich. Bei einem negativ eingestellten Strahlwinkel ist der Abfluß des Wassers weniger behindert. Das Strahlwasser kann in die bereits freigeräumte Kerbe ablaufen. Es bildet sich kein ausgeprägtes Wasserpolster mehr aus. Im Ausströmbereich ist die Strömungsgeschwindigkeit des Wassers sehr hoch. Da das abfließende Wasser dort mit Strahlgutpartikeln befrachtet ist, kommt es zusätzlich zu Abrasionserscheinungen. Die Schneidwirkung gegenüber einem reinen Wasserstrahl wird erhöht. Materialausbrüche sind jedoch seltener. Betrachtet man die Abtragsergebnisse, so führen diese Effekte im Resultat zu gleichartigen Ergebnissen, wie diese bei positivem Strahlanstellwinkel zu beobachten sind. Die beschriebenen, den Abtrag unterstützenden Effekte entfallen bei der Einstellung eines Strahlwinkels von $\varphi = 0°$. Das sich bildende Wasserpolster kann einseitig in die freie Kerbe abfließen, wodurch die Druckübertragung auf das umgebende Material reduziert wird. Wegen der fehlenden horizontalen Komponente des Wasserstrahls kommt es jedoch nur zu einer vergleichsweise langsamen Entwässerung nach der Strahlumlenkung, so daß ein Dämpfungseffekt nach wie vor besteht.

Die erzielten Kerbtiefen sind bei bewehrten Probekörpern im Mittel um 60% größer als bei den unbewehrten Probekörpern. Die Ursache dafür ist der starke Einfluß der Bewehrung auf die Abtragsergebnisse (siehe Abschnitt 5.4.4.7). Es kommt zu einer Behinderung des Materialabtrags durch die sich hinter der Bewehrung bildenden *Strahlschatten*. Diese Behinderung macht sich bei einem eingestellten Strahlwinkel $\neq$ 0 stärker bemerkbar als bei einem senkrecht einwirkenden Strahl. Bei positivem Strahlwinkel kann das Material nicht so leicht nach oben abgefördert werden, weil es durch die Bewehrung daran gehindert wird. Bei negativem Strahlwinkel behindert der Strahlschatten das freie Abfließen des Wassers in die Kerbe, wodurch die beschriebenen abtragsfördernden Effekte nicht auftreten können. Der senkrecht auftreffende Wasserstrahl wird vom Bewehrungsstahl am wenigsten in seiner Abtragsarbeit behindert. Die in Abschnitt 5.4.4.7 beschriebenen Effekte führen sogar zu einer Erhöhung der Abtragsrate bei $\varphi = 0°$ um über 60% gegenüber dem unbewehrten Beton.

Der Vergleich mit einer Stichprobe, in der nur chloridbelasteter Stahlbeton mit entsprechender Betonschädigung durch korrodierende Bewehrung untersucht wurde, zeigt, daß die Einstellung eines Strahlwinkels $\neq 0°$ entgegen dem Trend bei Stahlbeton, zu einer signifikanten Erhöhung der Abtragsrate führt (Abbildung 43). In diesem Fall liegt eine erhebliche Gefügestörung des Betons durch die Rostsprengung vor, was zu einer Reduzierung des Strahlschattens führt.

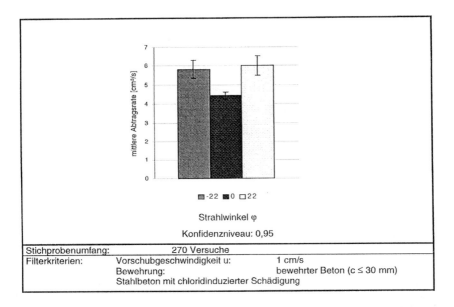

Abb. 43: Abtragsergebnisse auf bewehrtem Beton mit chloridinduzierter Schädigung bei Einstellung eines Strahlwinkels.

Spezielle Betriebsparameter der Strahlführungen sollen die Entstehung von Strahlschatten minimieren, um die negativen Effekte auszuschließen. In der Praxis werden besonders darauf abgestimmte Parameter der Strahlbewegungen und Strahlwinkeleinstellungen dazu eingesetzt. Bei den Versuchen werden Mehrfachüberfahrten mit entgegengesetzten Strahlwinkeln durchgeführt. Mit den vorhandenen versuchstechnischen Möglichkeiten ($\varphi_{max} = \pm 22°$, $P_{max} = 80$ kW) kann jedoch keine Reduzierung oder Vermeidung des Strahlschattens erreicht werden. Ein Grund dafür ist darin zu sehen, daß die erreichten Strahlleistungen nicht ausreichen, um in größerer Tiefe noch einen Abtrag zu bewirken. Bei den in der Praxis eingesetzten Geräten zum großflächigen Abtrag und zur Freilegung von Bewehrung kommen in der Regel wesentlich größere Strahlleistungen zum Einsatz. Dadurch können in Verbindung mit abgestimmten Parametern der Strahlbewegungen Strahlschatten reduziert werden.

Fazit:

Die Einstellung eines Strahlwinkels ≠ 0° führt in der Regel zu einer geringfügigen Erhöhung der Kerbtiefe, die aber für den praktischen Einsatz nicht von Bedeutung ist. Beim Abschälen unbewehrten Betons und beim Abtrag der äußeren Schale bis zur ersten Bewehrungslage, wie zum Beispiel bei der Instandsetzung karbonatisierten Betons, bewirkt ein Strahlwinkel ≠ 0° die Erhöhung der Abtragsrate. Beim Abtrag von Stahlbeton über die erste Bewehrungslage hinaus führt ein Strahlwinkel ≠ 0° zu einer Verringerung der Abtragsrate immer dann, wenn Strahlschatten entstehen. Aus diesem Grunde ist es sinnvoll beim flächenhaften Abtrag von Beton die Systemparameter so einzustellen, daß Strahlschatten minimiert werden. Eine Strahlschattenminimierung kann jedoch in der Regel nur über die geeignete Kombination verschiedener Systemparameter erreicht werden, nicht allein durch die Einstellung bestimmter Strahlwinkel. Eine Verminderung der Strahlschattenbildung wird z.B. durch rotierende Strahlbewegungen mit relativ kleinen Strahlwinkeln in Verbindung mit hohen Strahlleistungen erreicht. Auch die mehrfache Überfahrt mit einem Strahlwinkel ≠ 0° und in Verbindung mit hohen Strahlleistungen führt zur Reduzierung des Strahlschattens. Bei Mehrfachüberfahrten wird durch einen Klappmechanismus das Vorzeichen des Strahlwinkels beibehalten.

Für die Versuche wird eine spezielle Rotationsvorrichtung verwendet, die auch bei rotierender Strahlführung die Einstellung eines konstanten Strahlwinkels ermöglicht (siehe Abb. 19). Diese Konstruktion ist für die Aussagekraft der Versuchsergebnisse notwendig, da nur so eine Beurteilung der jeweils eingestellten Systemparameter bezüglich der Abtragsergebnisse möglich ist. Sie hat jedoch Nachteile hinsichtlich der Bildung von Strahlschatten. Bei den in der Praxis eingesetzten Rotorführungen verändert sich der Strahlwinkel je nach der Umfangsposition der Düse auf der Trägervorrichtung relativ zur Vorschubachse. Diese Anordnung bietet Vorteile bei der Verminderung oder Vermeidung von Strahlschatten.

5.4.3.5 Strahlbewegung

Der Betriebsparameter "Strahlbewegung" wird in drei Ausprägungen näher untersucht: Der geradlinige Vorschub ohne Querbewegung, die Strahloszillation und die Strahlrotation. Beide zuletzt genannten Ausprägungen werden zur Kerbbreitenvergrößerung eingesetzt mit dem Ziel einer Steigerung der Abtragsleistung. Die für den Abtrag positiven Effekte einer Kerbbreitenvergrößerung wurden bereits in Abschnitt 2.6.2.5 erwähnt. In der Praxis eingesetzte Abtragsroboter /12/ /15/ nutzen häufig die Strahloszillation. Dabei wird die Düse in einer pendelnden Bewegung über das Strahlgut geführt. Die Strahlrotation mehrerer Düsen wird z. B. bei Rotationsdüsenhaltern zur Reinigung und Aufrauhung genutzt. Selten wird die Strahlrotation in der Praxis zum Abtrag eingesetzt. Eine Begründung ist darin zu sehen, daß die Realisierung rotierender Strahlbewegungen bei gleichzeitig hohen Strahlleistungen zum Abtrag aufwendige und teure Gerätekomponenten voraussetzt, wie z. B. Hochdruck-Drehdurchführungen. Diese Bauteile werden zur Realisierung von oszillierenden Strahlbewegungen nicht benötigt. In Zusammenarbeit mit der Firma Hamacher Maschinenbau, Aachen, wurde für die Versuchsdurchführung ein Strahldüsen-Bewegungssystem konstruiert, das kreisende Strahlbewegungen ohne den Einsatz von Drehdurchführungen ermöglicht (siehe Abb. 19). Ein weiterer Vorteil dieser Konstruktion ist, daß bei rotierender Strahlführung, wie bereits beschrieben, ein konstanter Strahlwinkel eingestellt werden kann, was für die Aussagekraft der Versuchsergebnisse von Bedeutung ist. Die Konstruktion begünstigt allerdings die Entstehung von *Strahlschatten*. Bei den in der Praxis eingesetzten Rotations-Düsenhaltern besteht die Möglichkeit der Einstellung eines konstanten Strahlwinkels nicht. Bei diesen Geräten wird die Düse mit einem festen, voreingestellten Winkel in einen rotierenden Düsenbalken oder -teller eingeschraubt. Relativ zur Vorschubachse ändert sich der Strahlwinkel dabei abhängig von der Umfangsposition der Düse. Derartige Konstruktionen sind zur Verminderung von Strahlschattenbildung allerdings besser geeignet.

Neben dem Vergleich der beiden Strahlbewegungen mit Querkomponente untereinander wird auch ein Vergleich mit dem geraden Vorschub ohne zusätzliche Strahlbewegung in Querrichtung durchgeführt, um generelle Aussagen über die Eignung der Parameter zur Leistungssteigerung zu erhalten. Der Kreisradius für die rotierende Strahlbewegung wird auf konstant 10 mm eingestellt. Die Amplitude für die pendelnde Strahlbewegung wird ebenfalls auf 10 mm festgesetzt. Mit beiden Strahlbewegungen werden so unter Berücksichtigung der wirksamen Strahlbreiten der verschiedenen Düsen planmäßige Kerbbreiten von 22 mm bis 25 mm erzielt.

Umfangreiche Voruntersuchungen zur Strahloszillation und Strahlrotation wurden an Mörtelprismen der Abmessung 20 x 20 x 20 cm^3 durchgeführt. Mörtel ist wesentlich homogener als Beton und insofern im Rahmen von Voruntersuchungen besser geeignet, graduelle Unterschiede der drei untersuchten Ausprägungen festzustellen. Bei den Voruntersuchungen wurden zusätzlich sowohl die Vorschubgeschwindigkeiten als auch die Rotationsradien und die Oszillationsamplituden variiert (Anlage 9).

Es wird deutlich, daß bei ansonsten gleichen Parametereinstellungen mit Hilfe des rotierenden Wassserstrahls erheblich höhere Kerbtiefen als mit dem oszillierenden Wasserstrahl erzielt werden können. Die Steigerung beträgt bei einer eingestellten Kerbbreite von 10 mm etwa 50%, bei 20 mm Kerbbreite etwa 40%. Die Strahloszillation bringt im Gegensatz zur Strahlrotation gegenüber dem geraden Vorschub ohne Querbewegung nur geringfügige Kerbtiefenvergrößerungen. Eine Übersicht über die erzielten Kerbtiefen bei der Einstellung unterschiedlicher Strahlbewegungen gibt Abbildung 44.

Die Ergebnisse können dadurch erklärt werden, daß der rotierende Wasserstrahl bei gleicher Vorschubgeschwindigkeit u in Hauptvorschubrichtung Y (Längsvorschub) einen wesentlich größeren Weg zurücklegt, als der oszillierende Wasserstrahl. Der rotierende Strahl überfährt im Gegensatz zum oszillierenden Strahl jede Stelle der Kerbe mehrfach. Es ergibt sich bei der rotierenden Strahlführung eine Mehrfachüberfahrt bei insgesamt gleichbleibender Belastungsdauer. Die Abbildungen 6 und 7 zeigen den Strahlweg bei rotierender bzw. oszillierender Strahlbewegung. Geometrisch gesehen ist eine mehrfache Überfahrt nur an den Schnittpunkten der Kreise gegeben, der Wasserstrahl hat aber eine Einwirkbreite von ca. 5 mm. Die Einwirkflächen überlappen sich schon vor den Kreisschnittpunkten. Auf diese Weise wird jede Stelle der Kerbe mehrfach vom Wasserstrahl belastet. Die Anzahl der

Schnittpunkte und die Überlappungsflächen nehmen mit zunehmender Vorschubgeschwindigkeit ab und mit zunehmender Rotationsfrequenz zu. Die Schnittpunktdichte wächst zum Kerbrand hin an, wodurch sich an den Kerbrändern größere Kerbtiefen ergeben als in der Kerbmitte. Bei jeder zusätzlichen Teilung der Belastungsdauer durch Mehrfachüberfahrten nimmt die Kerbtiefe bis zur Erreichung einer Grenztiefe zu (siehe Abschnitt 2.6.2.3). Dieser Effekt wird bei der Strahlrotation ausgenutzt.

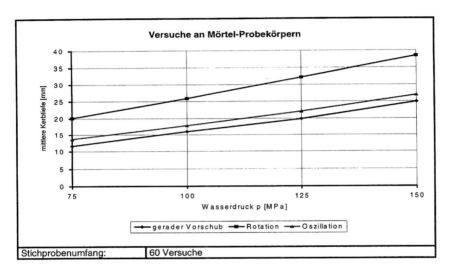

Abb. 44: Vergleich der an Mörtelprismen erzielten Kerbtiefenergebnisse bei unterschiedlichen Strahlbewegungen und Strahldrücken.

Zur Bestätigung dieser Ergebnisse für den Einsatzfall "Abtrag von Beton" werden Versuche mit rotierender und oszillierender Strahlführung, sowie mit geradem Vorschub ohne Querbewegung an den Betonprobekörpern und auf Baustellen-Versuchsflächen durchgeführt.

Aus der Stichprobe werden Mittelwerte der Kerbtiefe und der Abtragsrate für die Parametereinstellungen "Rotation", "Oszillation" und "gerader Vorschub ohne Querbewegung" als Schätzwerte für Erwartungswerte der Grundgesamtheit berechnet. In Abbildung 45 ist zu erkennen, daß bei rotierender Strahlführung gegenüber der oszillierenden Strahlführung und dem geraden Vorschub ohne Querbewegung im Mittel eine Kerbtiefenvergrößerung um 100% erreicht wird. Die an Mörtel-Probekörpern ermittelten Steigerungen werden damit nochmals erheblich überschritten. Es wird auch deutlich, daß die Strahloszillation hier ebenfalls nicht zu einer Steigerung der Kerbtiefe gegenüber dem geraden Vorschub ohne Querbewegung führt. Die Einstellung einer rotierenden Strahlführung führt bei der Abtragsrate zu einer Steigerung um 200% gegenüber dem geraden Vorschub, was auf die starke Kerbtiefenzunahme und die wesentlich größere Kerbbreite zurückzuführen ist. Da auch bei oszillierender Strahlführung eine wesentlich breitere Kerbe entsteht, als beim geraden Vorschub ohne Querbewegung, kommt es auch hier zu einer Steigerung der Abtragsrate um über 100%.

Wie die Voruntersuchungen gezeigt haben, sind die Abtragsergebnisse in starkem Maße abhängig vom Zusammenwirken der Parameter Oszillationsfrequenz f_o bzw. Rotationsfrequenz f_r, Oszillationsamplitude bzw. Rotationsradius und Vorschubgeschwindigkeit u. Die der Abbildung 45 zu entnehmenden mittleren Kerbtiefen und Abtragsraten gelten ebenso wie die prozentualen Unterschiede nur für die jeweils eingestellten Parameter.

Die größere Inhomogenität des Betons gegenüber dem Mörtel führt zu einer nochmaligen Steigerung der Effekte, die zur Vergrößerung der Kerbtiefe bei Strahlrotation führen. In schmalen Kerben stellen Zuschlagkörner natürliche Barrieren für eine Kerbtiefenvergrößerung dar. Zu einer Kerbtiefenvergrößerung kommt es beim Auftreffen des Wasserstrahls auf ein Zuschlagkorn nur dann, wenn der Wasserstrahl dieses durchtrennt, was, abhängig von den eingestellten Strahlparametern, nur in einem Teil der Belastungsfälle geschieht. Hingegen ist es bei rotierender Strahlführung mit der beschriebenen Mehrfachüberfahrt und der Kerbbreitenvergrößerung einfacher für den Wasserstrahl, Zuschlagkörner aus dem Verbund zu lösen und fortzuspülen. Geschieht dies, so kommt es gleichzeitig zu einer überproportionalen Kerbtiefenvergrößerung durch den hohen Volumenverlust beim Herauslösen des Zuschlags.

Versuchsauswertung   Seite 133

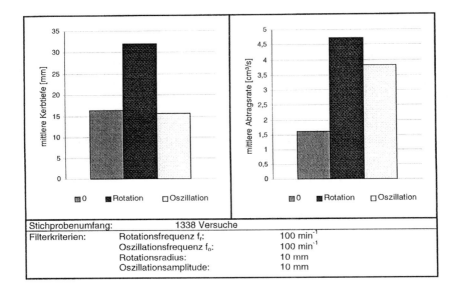

Abb. 45:   Abtragsergebnisse bei unterschiedlicher Strahlbewegung.

Strahloszillation führt nicht zu einer Kerbtiefenvergrößerung, da es dabei nicht zu Mehrfachüberfahrten kommt. Trotz einer Verbreiterung der Kerbe reicht die Belastung durch den Wasserstrahl nicht aus, um nahezu alle im Kerbgrund angetroffenen Zuschlagkörner herauszulösen und wegzufördern.

Fazit:

Durch den Einsatz von Strahlrotation kann die Abtragsleistung des Hochdruckwasserstrahls erheblich gesteigert werden.

Für die eingestellten Parameter wird bei gleichem Energieaufwand mit Strahlrotation gegenüber der Strahloszillation und dem geraden Vorschub ohne Querbewegung eine wesentlich größere Kerbtiefe erreicht. Die Abtragsrate steigt überproportional an.

Für den praktischen Einsatz heißt dies, daß durch die Einstellung einer Strahlrotation höhere Längs-Vorschubgeschwindigkeiten u zur Erzielung der gleichen Kerbtiefe eingesetzt werden können als bei oszillierender Strahlführung oder bei Strahlführung ohne Querbewegung. Es wird also eine Leistungssteigerung erreicht.

Entscheidend für die Größe der Leistungssteigerung ist die Abstimmung der Einstellgrößen Rotationsfrequenz f_r, Rotationsdurchmesser und Vorschubgeschwindigkeit u. Mit zunehmender Vorschubgeschwindigkeit muß die Rotationsfrequenz vergrößert werden, um den Effekt der Mehrfachüberfahrten in der Kerbe noch zu erreichen. Die Grenze wird dann erreicht, wenn die Rotationsfrequenz aus gerätetechnischer Sicht nicht weiter erhöht werden kann. Auch die Vergrößerung des Rotationsdurchmessers verändert den Effekt der Mehrfachüberfahrten. Für den Einsatzfall "Flächenabtrag von Beton" existiert eine optimale Einstellkombination der beschriebenen Parameter bei der Strahlrotation. Bei den durchgeführten Versuchen konnte diese Optimaleinstellung nicht ermittelt werden, da dazu eine Vielzahl weiterer Versuche mit unterschiedlichen Parameterkombinationen erforderlich wäre.

Die Strahlrotation bietet gegenüber den anderen Strahlbewegungen zusätzlich den Vorteil, daß, abhängig von den übrigen Parametereinstellungen, ein ebenerer Kerbgrund entsteht, was für die Applikation eines Instandsetzungssystems von Vorteil ist. Mit zunehmendem Rotationsradius nimmt die Ebenheit des bearbeiteten Untergrundes ab, wenn die Rotationsfrequenz und die Vorschubgeschwindigkeit konstant gehalten werden /23/.

Demgegenüber bietet die Strahloszillation lediglich den Vorteil einer höheren Abtragsrate gegenüber dem geraden Vorschub ohne Querbewegung. Da die Strahloszillation keine Auswirkung auf eine Kerbtiefenvergrößerung hat, entfällt der Vorteil einer Steigerung der Vorschubgeschwindigkeit in Längsrichtung.

Sowohl die Strahlrotation als auch die Strahloszillation bieten beim Flächenabtrag wegen der größeren erzielten Kerbbreite gegenüber dem geraden Vorschub ohne Querbewegung den Vorteil, daß der Quervorschub v vergrößert werden kann.

5.4.4 Materialparameter

5.4.4.1 Betondruckfestigkeit

Dem Einfluß der Betondruckfestigkeit wird bei den Untersuchungen große Aufmerksamkeit geschenkt. Unbefriedigende Abtragsergebnisse werden in der Praxis immer wieder auf Abweichungen der vorgefundenen Betondruckfestigkeiten von den Angaben in der Ausschreibung zurückgeführt. Demgegenüber zeigen die Untersuchungen von WERNER /5/, daß die Betondruckfestigkeit alleine keinen Beitrag zur Abschätzung von Ergebnissen des hydrodynamischen Betonabtrags liefert. Eine Erklärung dafür ist, daß, wie bereits in Abschnitt 2.7.1 beschrieben, die Ermittlung der Betondruckfestigkeit nach DIN 1048 nicht in ausreichendem Maße die für den Wasserstrahlabtrag entscheidenden oberflächennahen Bereiche des Betons berücksichtigt. Die Bestimmung von Rückprallwerten mit dem Rückprallhammer hingegen berücksichtigt gerade diese Zone besonders und wird deshalb als Methode zur Bestimmung der Betondruckfestigkeit gewählt. Die Vorgehensweise wurde bereits in Abschnitt 3.4.1 beschrieben. Es wird erwartet, daß eine Korrelation zwischen den Abtragsergebnissen und den nach dieser Methode ermittelten Festigkeitswerten erzielt werden kann. Vorteilhaft ist außerdem, daß die Feststellung der Betondruckfestigkeit mit dem Rückprallhammer eine einfache, auch auf der Baustelle anwendbare Methode ist. Sie liefert zudem, wenn sie flächig angewandt wird, unabhängig von den angezeigten Absolutwerten einen guten Überblick über die Schwankungsbreite der Betondruckfestigkeiten innerhalb einer zu bearbeitenden Fläche. Diese Schwankungsbreite ist, wie später noch gezeigt werden wird, mehr noch als die absoluten Festigkeitswerte verantwortlich für variierende Abtragsergebnisse.

Mit Hilfe unterschiedlicher Filterkriterien werden verschiedene Stichproben zusammengestellt. Die Stichproben werden in Festigkeitsklassen sortiert. Die im Mittel erzielten Kerbtiefen und Abtragsraten sind in den Diagrammen der Abbildungen 46 und 47 dargestellt. Es lassen sich Abhängigkeiten der Kerbtiefenergebnisse verschiedener Stichproben von den Betondruckfestigkeiten aufzeigen. Bei der Betrachtung der Ergebnisse fällt auf, daß die Kerbtiefen mit zunehmender Betondruckfestigkeit in etwa linear abnehmen (Abbildung 46).

Betrachtet man separat die Versuche, die mit dem Düsendurchmesser d = 0,8 mm durchgeführt wurden, so ergibt sich eine noch bessere Korrelation (Abbildung 46). Bei der Betrachtung von Stichproben mit kleineren Düsendurchmessern streuen die Ergebnisse stärker. Untersucht man die Stichproben auf Zusammenhänge zwischen der Abtragsrate und den Festigkeitswerten, so ergeben sich keine erkennbaren Korrelationen (Abbildung 47).

Die lineare Abnahme der Kerbtiefe bei steigender Betondruckfestigkeit um im Mittel 40% bei der vorliegenden Stichprobe ist folgendermaßen zu erklären. Beton geringerer Festigkeit setzt dem Wasserstrahl einen nur geringen Widerstand bei der Initiierung erster Risse entgegen. Infolge des hohen Druckgradienten am Strahlauftreffpunkt wird die Zugfestigkeit des Betons schnell überschritten. Entstandene Risse werden rasch aufgeweitet und pflanzen sich in den Betonkörper hinein fort. Wegen der nur schwachen Einbindung des Zuschlags in die Zementsteinmatrix wird die Rißausbreitung nicht an den Zuschlagkörnern unterbrochen. Vielmehr pflanzen sich Risse um die Zuschlagkörner herum fort. Es kommt schnell zur Rißvereinigung und zum Materialausbruch auf kleinem Raum. In der sich bildenden Fehlstelle führen zusätzliche Abrasions-, Erosions- und Kavitationserscheinungen zum raschen Materialabtrag und zur Kerbtiefenvergrößerung. Der Zementstein selbst setzt diesen Löseprozessen nur einen geringen Widerstand entgegen.

Mit zunehmender Betonfestigkeit erhöht sich die Zementsteinfestigkeit; bei den modernen hochfesten Betonen erreicht sie annähernd die Festigkeiten weicher Zuschläge. Die Zementmatrix setzt dem angreifenden Wasserstrahl bereits einen erheblichen Abtragswiderstand entgegen. Es werden wesentlich höhere Oberflächenspannungen benötigt, um Risse zu initiieren und aufzuweiten. Ein größerer Teil der Strahlenergie wird für diese Prozesse bereits verbraucht und steht für die Erweiterung der Kerbe nicht mehr zur Verfügung. Der weitere Materialabbau durch Erosions- und Abrasionskräfte ist erschwert. Hinzu kommt, daß die Zuschlagkörner fester

Versuchsauswertung
Seite 137

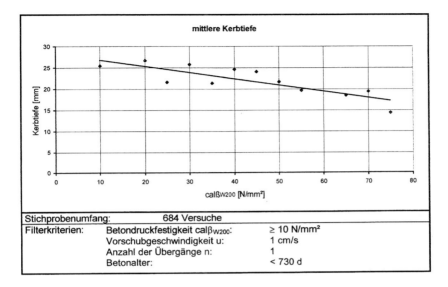

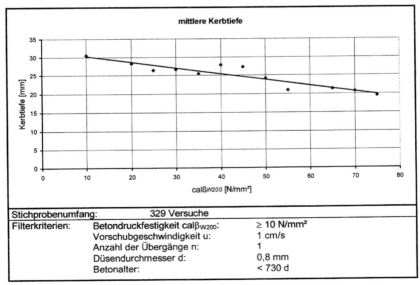

Abb. 46: *Abhängigkeit der mittleren Kerbtiefe von der Betondruckfestigkeit.*

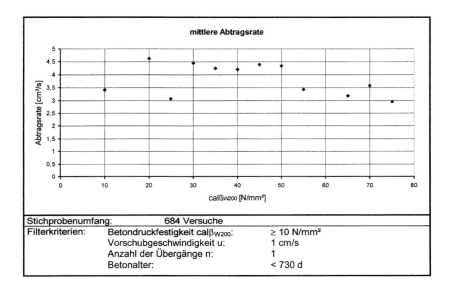

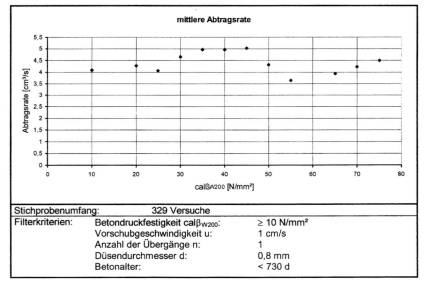

Abb. 47: Abhängigkeit der mittleren Abtragsrate von der Betondruckfestigkeit.

in die Matrix eingebunden sind. Risse werden häufiger an Zuschlagkörnern arretiert und erst die Überschreitung von Spannungsspitzen (siehe Abschnitt 2.5.2) führt zur Rißfortsetzung durch den Zuschlag /6/.

Daß sich bei der Abtragsrate keine Korrelation einstellt, liegt an der mit zunehmender Betonfestigkeit wachsenden Neigung zu Randausbrüchen. Diese Randausbrüche werden verursacht durch die höheren Spannungen, die beim kornbrechenden Abtrag von Betonen mit höherer Festigkeit auftreten (siehe Abschnitt 2.5.2). Das sich verringernde Abtragsvolumen in der Kerbe wird durch das bei der Abtragsrate mit berücksichtigte Ausbruchvolumen im Randbereich kompensiert.

Wird die Stichprobe nach bewehrtem und unbewehrtem Beton differenziert betrachtet, so wird erkennbar, daß der Einfluß der Betondruckfestigkeit auf die Kerbtiefe bei vorhandener Bewehrung größer ist als bei unbewehrtem Beton. Dies hängt mit dem Einfluß von Gefügestörungen zusammen, die durch die Bewehrung hervorgerufen werden. Dieser Einfluß nimmt bei höherer Betonfestigkeit ab. Die Zusammenhänge sind in Abbildung 48 dargestellt.

Wie bereits eingangs dieses Kapitels erwähnt, hat die Schwankungsbreite der Betonfestigkeiten innerhalb einer bearbeiteten Fläche einen erheblichen Einfluß auf die Abtragsergebnisse. In der Praxis ist in vielen Fällen diese Schwankungsbreite von größerer Bedeutung für die Interpretation von Abtragsergebnissen als die absoluten Betonfestigkeiten in den bearbeiteten Flächen.

Es kann anhand von Probeflächen-Bearbeitungen eine Geräteeinstellung so vorgenommen werden, daß bestimmte, vorher festgelegte Abtragsergebnisse erzielt werden. Diese Einstellung der Systemparameter führt bei der großflächigen Bearbeitung jedoch nur dann zu vergleichbaren Abtragsergebnissen, wenn die Materialparameter und hier in besonderem Maße die Betonfestigkeit, in der Fläche konstant bleiben. Ist dies nicht der Fall, so müssen die Systemparameter den wechselnden Materialparametern ständig angepaßt werden, um gleiche Ergebnisse zu erzielen.

Versuchsauswertung

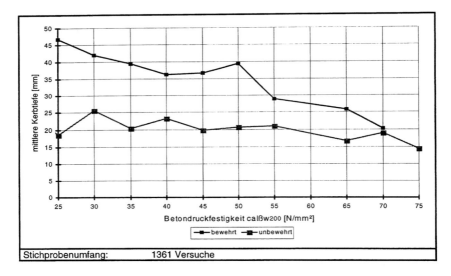

Abb. 48: *Einfluß der Betonfestigkeit auf die mittlere Kerbtiefe differenziert nach bewehrtem und unbewehrtem Beton.*

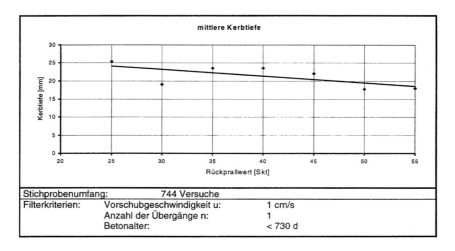

Abb. 49: *Abhängigkeit der mittleren Kerbtiefe vom Rückprallwert.*

Wie die Untersuchungen zeigen, variieren die Betondruckfestigkeiten in den Bearbeitungsflächen auf Baustellen zum Teil stark. Um eine Aussage über die Schwankungsbreite von Betonfestigkeitswerten zu treffen, reicht der Aufschrieb der Rückprallwerte aus. Die Abbildungen 49 und 50 geben die Zusammenhänge wieder.

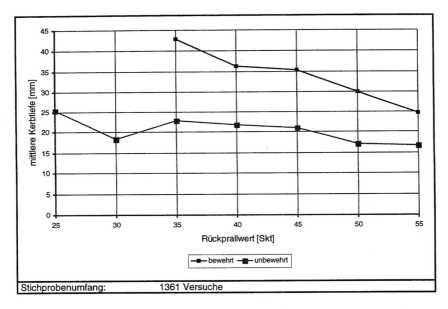

Abb. 50: *Abhängigkeit der mittleren Kerbtiefe vom Rückprallwert differenziert nach bewehrtem und unbewehrtem Beton.*

Fazit:

Je höher die Festigkeit des zu bearbeitenden Betons ist, desto geringer ist die zu erwartende Abtragstiefe. Der Materialparameter "Betondruckfestigkeit" muß also bei der Einsatzplanung berücksichtigt werden. Zu beachten ist, daß die in der Regel bearbeiteten Betone relativ alt sind und dadurch die planmäßigen Festigkeitswerte des Herstellungszeitraumes überschritten werden /1/. Die Erfahrung zeigt außerdem, daß in der Regel die Planfestigkeiten bei der Ausführung übertroffen werden. Die Ausschreibungsunterlagen für die Betonabtragsarbeiten beinhalten zumeist jedoch nur Angaben aus Planungsunterlagen zum Herstellzeitpunkt. Um Fehleinschätzungen bei der zu erwartenden Geräteleistung zu vermeiden, sollten immer Angaben zur aktuellen Druckfestigkeit des Betons gemacht werden. Durch entsprechende Systemeinstellungen können auch bei Betonen höherer Festigkeit grundsätzlich alle geforderten Kerbtiefen erreicht werden.

Für den Anwender ist die Information über die mögliche Schwankungsbreite der Betondruckfestigkeiten von größerer Bedeutung als die Angabe der Absolutwerte. Ist die Betondruckfestigkeit auf der zu bearbeitenden Fläche weitgehend konstant, so kann anhand einer Probeflächenbearbeitung eine Anpassung der Systemparameter an den vorliegenden Fall problemlos vorgenommen werden. Variiert die Festigkeit, so hat das Probeflächenergebnis nur Aussagekraft für einen Teilbereich. Die Bearbeitung der gesamten Fläche wird dann immer zu größeren Unterschieden im Abtragsergebnis führen, wenn nicht ständig die Systemparameter den veränderten Materialparametern angepaßt werden.

5.4.4.2 Sieblinie / Zuschlaggrößtkorn

Im Versuchsablauf wird die Sieblinie nicht planmäßig variiert. Alle Probekörper werden mit Sieblinie AB hergestellt. Das Zuschlaggrößtkorn wird variiert und liegt bei 16 mm und 32 mm. Bei den Baustellenbetonen werden die Sieblinien C und BC angetroffen. Das Größtkorn aller Baustellenbetone beträgt 32 mm.

Durch planmäßige Variation des Materialparameters "Größtkorndurchmesser" bei konstanter Sieblinie AB wird der Einfluß des Größtkorndurchmessers auf das Abtragsergebnis untersucht. Es zeigt sich, daß im Mittel über alle Versuche der ausgewählten Stichprobe kein signifikanter Einfluß auf die Abtragsergebnisse erkennbar ist (Abbildung 51 und 52). Dieser Trend wird durch Untersuchung unterschiedlich zusammengesetzter Stichproben bestätigt, in denen die Einflüsse der Betondruckfestigkeit differenziert berücksichtigt werden. Dies widerspricht den Erkenntnissen vorangegangener Untersuchungen von WERNER (siehe Abschnitt 2.7.2), wonach bei steigendem Größtkorndurchmesser mit einer signifikanten Vergrößerung der Abtragsrate zu rechnen wäre.

Beim Einsatz von Anlagen, die im Hochdruckbereich mit höheren Strahlleistungen und größeren Wassermengen (> 100 l/min) arbeiten, ist dennoch mit einem stärkeren Auftreten von Abplatzungen bei größerem Zuschlaggrößtkorn und damit auch mit einer Erhöhung der Abtragsrate zu rechnen. Die zum Ablösen größerer Partien notwendigen Energieniveaus werden dabei schneller erreicht. Die Wassermenge, die die Kerbe in der gleichen Zeiteinheit wieder verlassen muß, ist so groß, daß mehr Strahlgutmaterial mitgerissen und weggefördert wird.

Ein Vergleich der Kerbtiefenergebnisse bei unterschiedlichen Strahlbewegungen zeigt, daß bei Erzeugung größerer Kerbbreiten ein geringer Einfluß des Größtkorndurchmessers erkennbar ist. Zuschlagkörner können bei größeren Kerbbreiten leichter entfernt werden und größerer Zuschlag führt in diesem Falle zu einem stärkeren Materialabtrag, verbunden mit einer geringfügigen Kerbtiefenzunahme (siehe Abschnitt 5.4.3.5).

Der Einfluß der Sieblinie und des Anteils an Grobzuschlag auf die Abtragsergebnisse wurde bereits in Abschnitt 2.7.2 beschrieben. Sie sind von Bedeutung für den Geräteeinsatz.

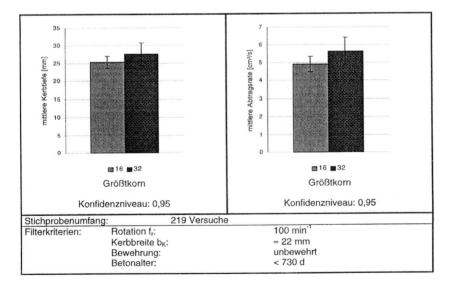

Abb. 51: *Einfluß des Größtkorndurchmessers auf die Abtragsergebnisse bei einer Kerbbreite von $b_K \approx 22$ mm.*

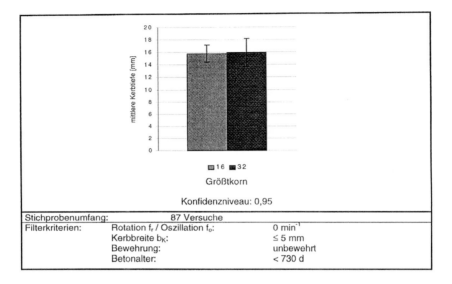

Abb. 52: Einfluß des Größtkorndurchmessers auf die erzielbare Kerbtiefe bei einer Kerbbreite von $b_{Kmax} = 5$ mm.

5.4.4.3 Wasser-Zement-Wert

Der Materialparameter "Wasser-Zement-Wert" wird bei den Untersuchungen nicht planmäßig variiert. Die Streuung der w/z-Werte bei den unterschiedlichen Probekörpern ist rein zufällig. Bei der Auswertung unterschiedlich zusammengesetzter Stichproben kann kein signifikanter Einfluß des w/z-Wertes beobachtet werden.

Aus der Literatur ist bekannt, daß der w/z-Wert nur einen geringen Einfluß auf die Varianz der Abtragsergebnisse hat /5/. Dabei bestehen die in Abschnitt 2.7.3 beschriebenen Zusammenhänge.

Der w/z-Wert hat indirekt einen Einfluß auf andere Materialparameter, wie zum Beispiel die Betondruckfestigkeit und den Porenraum. Eine gezielte Ermittlung des Einflusses des w/z-Wertes würde eine umfangreiche Versuchsreihe voraussetzen, wobei andere Materialparameter-Gruppen jeweils konstant gehalten werden müßten. Derart umfangreiche Untersuchungen können bei der hier beschriebenen Forschungsarbeit nicht geleistet werden und sind angesichts der nur geringen Bedeutung des Parameters für den praktischen Einsatz auch nicht erforderlich.

5.4.4.4 Zementgehalt

Der Materialparameter "Zementgehalt" wird ebenso wie der Wasser-Zement-Wert bei den Untersuchungen nicht planmäßig variiert. Die Streuung des Zementgehaltes bei den unterschiedlichen Probekörpern ist rein zufällig. Bei der Auswertung unterschiedlich zusammengesetzter Stichproben kann kein Einfluß des Zementgehaltes auf die Abtragsergebnisse beobachtet werden.

Der Zementgehalt hat indirekt einen Einfluß auf andere Materialparameter, wie zum Beispiel die Betondruckfestigkeit und die Karbonatisierungstiefe. Auf eine gezielte Ermittlung des Einflusses des Zementgehaltes wird aus den gleichen Gründen wie beim Wasser-Zement-Wert verzichtet.

5.4.4.5 Zuschlagart

Bei der Herstellung der Probekörper wird überwiegend Kies als Zuschlagstoff verwendet. Um den Einfluß des Zuschlags auf das Abtragsergebnis grob abschätzen zu können, werden zwei Probekörper mit Basaltsplitt-Zuschlag hergestellt. Die Abtragsergebnisse werden mit einer repräsentativen Stichprobe der übrigen Probekörper verglichen.

Es zeigt sich, daß die mit Basaltsplitt hergestellten Probekörper im Mittel signifikant geringere Kerbtiefen und Abtragsraten aufweisen (Abbildung 53). Während der Absolutwert der mittleren Kerbtiefe nur um ca. 5 mm absinkt und damit nicht von besonderem anwendungspraktischem Interesse ist, verringert sich die Abtragsrate im Mittel um über 2 cm^3/s, was prozentual eine Abnahme um 40 % ausmacht.

Das Abtragsbild der mit Splitt hergestellten Probekörper unterscheidet sich stark von dem des Kies-Betons. Der Splitt-Beton zeigt nach dem Wasserstrahlabtrag in der bearbeiteten Fläche einen erheblich höheren Zuschlaganteil.

Der gebrochene Basaltsplitt hat eine wesentlich festere Einbindung in die Zementsteinmatrix als der aus gerundetem Korn bestehende Kies /5/ /32/. Er setzt daher den Löseprozessen des Wasserstrahls einen höheren Widerstand entgegen. Hinzu kommt, daß der Basalt eine größere Festigkeit aufweist als der Kies und seltener bricht. Die Zuschlagkörner werden häufig nur teilweise vom Zementstein freigespült, bleiben aber in der Matrix eingebunden. Dadurch kommt es zu einem wesentlich geringeren Volumenabtrag als beim Kieszuschlag.

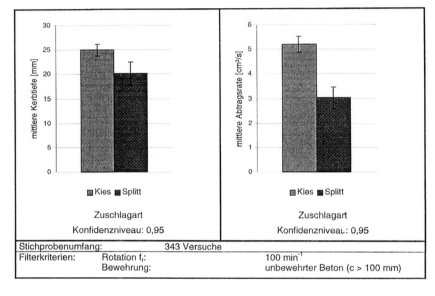

Abb. 53: Einfluß der Zuschlagart auf die Abtragsergebnisse

Fazit:

Die Zuschlagart hat einen großen Einfluß auf die Abtragsergebnisse und muß in der Praxis berücksichtigt werden. Je nach Zuschlagart ist mit stark unterschiedlichen Abtragsraten zu rechnen.

5.4.4.6 Betonalter

Betoninstandsetzungsmaßnahmen werden in der Regel an Betonen vorgenommen, die über viele Jahre gealtert sind. Das Betonalter hat einen Einfluß auf die Materialeigenschaften des Betons. Es kommt zu einer Nacherhärtung, die zu einer höheren Endfestigkeit des Betons führt. Auch die Elastizitätseigenschaften des Betons verändern sich mit zunehmendem Alter.

Das Betonalter wird als ein Materialparameter in die Untersuchungen mit einbezogen, auch wenn es im eigentlichen Sinne kein Parameter mit benennbaren Betonkenngrößen ist. Vielmehr drückt dieser Parameter die Summe der Veränderungen aus, die der Beton mit zunehmendem Alter erfährt. Diese Veränderungen sind chemischer und physikalischer Natur.

Die Versuche sollen zeigen, ob das Betonalter einen Einfluß auf die Abtragswirkungen des Wasserstrahls hat. Systematische Versuche wurden bislang an sehr jungem, z.b. 28 Tage altem Beton vorgenommen. Der Zeitfaktor wurde nicht separat betrachtet. Die für die Versuche verwendeten Probekörper sind zum Bearbeitungszeitpunkt zwischen 150 und 650 Tage alt. Jünger als ein Jahr sind nur die im Normklima gelagerten Vergleichs-Probekörper. Die bearbeiteten Baustellenbetone sind dagegen alle mindestens 20 Jahre (> 7300 Tage) alt.

Die Auswertungen zeigen, daß weder bei den Kerbtiefen noch bei den Abtragsraten ein Einfluß des Betonalters erkennbar ist. In den Abbildungen 54 und 55 ist kein eindeutiger Trend zu einer Veränderung mit zunehmendem Betonalter erkennbar. Die Streuungen werden durch andere, in erster Linie Systemparameter, herbeigeführt. Versuche, bei denen ausschließlich der Parameter "Betonalter" variiert wird, können nicht durchgeführt werden, da der Aufwand dafür bei den vorhandenen Projektvorgaben zu groß wäre.

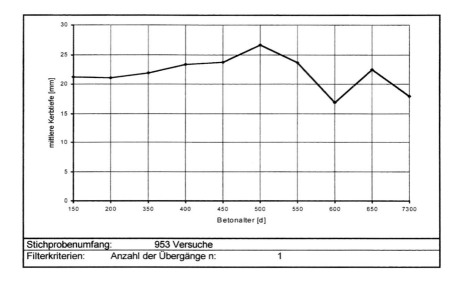

Abb. 54: Einfluß des Betonalters auf die Kerbtiefe.

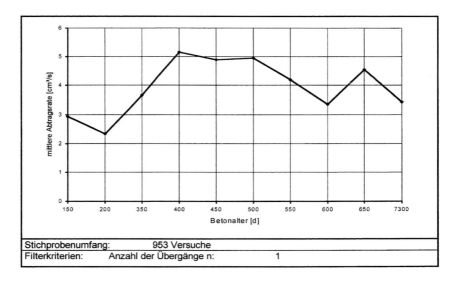

Abb. 55: Einfluß des Betonalters auf die Abtragsrate.

Der für die Wasserstrahlversuche bedeutendste, sich mit dem Alter ändernde Parameter ist die Betonfestigkeit. Da alle untersuchten Versuchsbetone mindestens ein Jahr alt sind, kann davon ausgegangen werden, daß bereits ein hohes Festigkeitsniveau vorliegt. Die Auswirkung des Materialparameters "Betondruckfestigkeit" werden bereits in Abschnitt 5.4.4.1 beschrieben. Andere sich mit dem Betonalter ändernde Eigenschaften, wie z.b. die Elastizität, haben, wie die Auswertungen zeigen, nur untergeordnete Bedeutung für die Abtragsergebnisse. Ihr Einfluß kann bei nicht differenzierter Betrachtung des Parameters "Betonalter" nicht festgestellt werden. Für den Einsatz von HDWS-Geräten ist ihr Einfluß nicht relevant.

Fazit:

Wie bereits eingangs in Abschnitt 5.4 beschrieben, überwiegen die Einflüsse aus den Systemparametern über die Einflüsse aus den Materialparametern. Die durch das Betonalter beeinflußten Materialeigenschaften führen nicht zu signifikanten Beeinflussungen der Abtragsergebnisse. Die Kenntnis des Betonalters ist für die Einsatzplanung von HDWS-Geräten nicht von Bedeutung. Die generelle Aussage, daß die Kenntnis der Betondruckfestigkeit für die Einsatzplanung von Bedeutung ist, bleibt davon unberührt. Die Kenntnis des Betonalters würde in diesem Zusammenhang nur dann von Interesse sein, wenn die exakten Ist-Betondaten zum Herstellzeitpunkt und die 28 Tage-Festigkeiten des Betons für das untersuchte Bauteil bekannt wären. Dies ist aber in der Regel nicht der Fall. Einfacher ist die direkte Bestimmung der Betondruckfestigkeit mittels zerstörungsfreier oder zerstörender Prüfung an Proben.

5.4.4.7 Bewehrung

In der Praxis werden vorwiegend Stahlbetone hydrodynamisch abgetragen. In der Mehrzahl der Einsatzfälle wird dabei bis zur ersten Bewehrungslage oder sogar darüber hinaus abgetragen. Der Einfluß der Bewehrung auf die Abtragsergebnisse wurde bislang nicht systematisch in Serienuntersuchungen erkundet. Aus diesem Grunde wird der Materialparameter "Bewehrung" in verschiedenen Einstellungen untersucht:

- bewehrter oder unbewehrter Beton,
- Betondeckung mit den Ausprägungen
    $c = 10$ mm
    $c = 20$ mm
    $c = 30$ mm
    $c = 100$ mm (entspricht unbewehrtem Beton bei den Versuchen),
- Bewehrung in Form von Einzelstäben oder Stabbündeln.

Die Auswertung bringt die Erkenntnis, daß bei Stahlbeton erheblich höhere Kerbtiefen erzielt werden als bei unbewehrtem Beton (Abbildung 56). Im Mittel über alle Versuche wird bei Stahlbeton eine Steigerung der Kerbtiefe um über 60% gegenüber unbewehrtem Beton erzielt. Eine detailliertere Betrachtung, aufgeschlüsselt nach der Anzahl der Übergänge, zeigt, daß der Effekt um so größer ist, je häufiger ein Bereich überfahren wird (Abbildung 57). Betrachtet man die Abtragsrate, so ist bei Stahlbeton im Mittel nur eine geringe Steigerung um 25% erkennbar. Wie bereits im Abschnitt 5.4.3.4 gezeigt werden konnte, werden die Ergebnisse in starkem Maße vom eingestellten Strahlwinkel beeinflußt (siehe auch Abb. 41 und 42).

Bei der Ergebnisinterpretation ist zu berücksichtigen, daß hinter den Bewehrungsstählen stets ein *Strahlschatten* vorhanden war. Der Einfluß dieses Strahlschattens wird bei der Bestimmung der mittleren Kerbtiefe durch geeignete Wahl der Tiefenabstiche (siehe Abschnitt 5.1.1) eliminiert. Bei der Bestimmung des Kerbvolumens

Versuchsauswertung   Seite 151

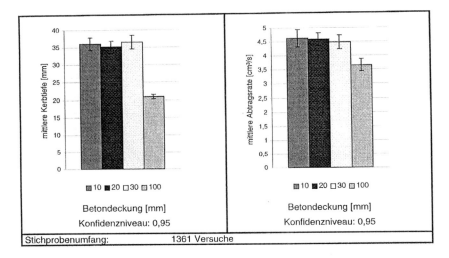

Abb. 56: Auswirkung von Bewehrung und Betondeckung auf die Abtragsergebnisse. Die übrigen Materialparameter der Beton- und Stahlbeton-Probekörper waren in den jeweils untersuchten Stichproben gleich.

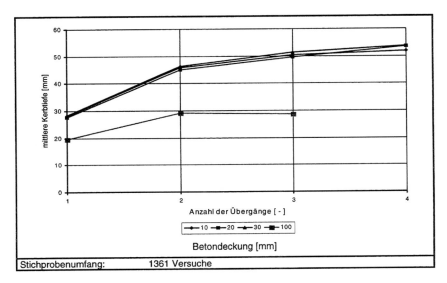

Abb. 57: Auswirkung von Bewehrung, Betondeckung und Anzahl der Übergänge auf die mittlere Kerbtiefe. Die übrigen Materialparameter der Beton- und Stahlbeton-Probekörper waren in den jeweils untersuchten Stichproben gleich.

wird er hingegen mit in die Messungen einbezogen, wodurch der Effekt der Steigerung der Abtragsrate abgemindert wird.

Es ist davon auszugehen, daß die Eliminierung des Strahlschattens durch geeignete Einstellmaßnahmen an der Strahlvorrichtung eine erhebliche Steigerung der Abtragsrate bei vorhandener Bewehrung gegenüber unbewehrtem Beton bewirkt. Die Steigerung wird in diesem Falle hervorgerufen von der erheblichen Vergrößerung der Querschnittsfläche der Kerben infolge Kerbtiefenvergrößerung.

Die Begründung für die beschriebene Kerbtiefensteigerung liegt in der Gefügestörung des Betons durch die Bewehrungseinlage. Bei der Verdichtung des Betons haben die Bewehrungskonstruktion und der flüssig-pastöse Beton ein unterschiedliches Schwingungsverhalten. Im Umfeld der Bewehrung kommt es dadurch zur Anreicherung von Zementsteinmatrix, eventuell auch zur Ausbildung von Fehlstellen. Derartige Gefügestörungen nutzt der Wasserstrahl als Angriffspunkte für den Abtrag, wodurch auch der benachbarte, von der Bewehrung unbeeinflußte Beton leichter entfernt werden kann.

Die Abbildung 58 zeigt nochmals deutlich den Effekt der Kerbtiefenvergrößerung durch vorhandene Bewehrung. Es wird jedoch auch deutlich, daß die Betondeckung keinen Einfluß auf diesen Effekt hat. Diese Aussage gilt immer dann, wenn die Bewehrung, unabhängig von der Betondeckung, vom Wasserstrahl freigelegt wird. Da die mittlere erreichte Kerbtiefe der Stahlbetonprobekörper über 30 mm liegt, kann davon ausgegangen werden, daß in der Regel auch die Bewehrung mit $c = 30$ mm freigelegt wurde. Optische Kontrollen bestätigen dies. Die Mittelwertdiagramme (Abbildung 56) zeigen ebenfalls, daß die Überdeckung keinen signifikanten Einfluß auf das Abtragsergebnis hat. Der Wasserstrahl hat bei allen für die Untersuchung relevanten Parameter-Einstellungen stets eine ausreichende Abtragsenergie, so daß der Einfluß der Gefügestörungen durch die Bewehrung zur Abtragssteigerung genutzt werden kann.

Werden anstelle von Einzelstäben Stabbündel als Bewehrung eingelegt (siehe Abschnitt 3.4.7), so verringern sich die Effekte der Abtragssteigerung oder sie kehren sich um (Abbildung 59). Die Kerbtiefe wird nicht wesentlich beeinflußt, die Abtragsrate verringert sich leicht. Der Anteil an Stahl bezogen auf die gesamte untersuchte Kerblänge ist in diesem Falle so groß, daß kaum noch ungestörter Betonabtrag durch den Wasserstrahl möglich ist.

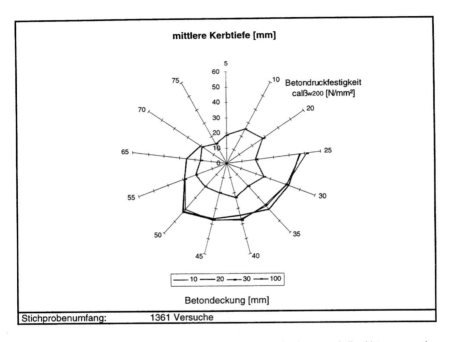

Abb. 58: *Auswirkung von Bewehrung und Betondeckung auf die Abtragsergebnisse differenziert nach unterschiedlichen Betonfestigkeiten.*

Es kann beobachtet werden, daß es bei vorhandener Bewehrung häufiger zu schollenartigen Abplatzungen kommt als beim Abtrag unbewehrten Betons. Bedingt durch Gefügestörungen wird vielfach die gesamte Betondeckung vollständig abgelöst. Besonders deutlich wird dies bei der Bearbeitung chloridgeschädigter Stahlbeton-Probekörper (siehe Abschnitt 5.4.4.9).

Fazit:

Die Bewehrung hat einen sehr großen Einfluß auf das Abtragsergebnis beim hydrodynamischen Betonabtrag. Diese Tatsache erklärt die in der Praxis häufig vorkommenden Abweichungen von den Soll-Vorgaben, wenn auf bearbeiteten Flächen nur teilweise Bewehrung freigelegt wird. Überall dort, wo Bewehrung freigelegt wird, ist mit einer besonders großen Unebenheit des Betonuntergrundes zu rechnen. Die Effekte, die zum Abtrag führen, werden durch die Gefügestörungen, die vom Bewehrungsstahl im Beton verursacht werden, verstärkt.

Werden durchgehend bewehrte Flächen abgetragen, so kann der Effekt der Kerbtiefenvergrößerung zur Erhöhung der Vorschubgeschwindigkeit u und damit zur Leistungssteigerung genutzt werden. Befriedigende Abtragsergebnisse sind dann jedoch nur erzielbar, wenn gleichzeitig Maßnahmen zur Minimierung des Strahlschattens getroffen werden (siehe Abschnitt 5.4.3.5).

Ein Nebeneffekt ist, daß die Bewehrung durch den Wasserstrahl gleichzeitig entrostet wird. Es bildet sich zwar unmittelbar nach dem Strahlen erneut Flugrost, dieser darf aber zumindest bei der Instandsetzung mit Beton oder Spritzbeton, in Kauf genommen werden /7/.

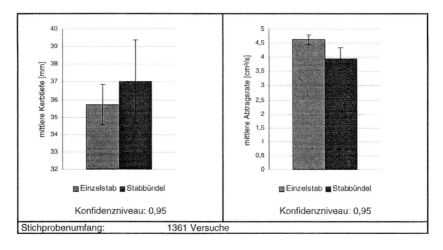

Abb. 59: *Einfluß von höherem Bewehrungsgrad auf die Abtragsergebnisse.*

5.4.4.8 Karbonatisierung

Instandzusetzende Betonbauteile sind in der Regel mehrere Jahre alt. Handelt es sich dabei um unbeschichtete Bauteile, so kann davon ausgegangen werden, daß der Beton im Freien bis zu einer gewissen Tiefe karbonatisiert ist. Die Karbonatisierungstiefe ist unter anderem abhängig vom w/z-Wert, vom Zementgehalt, von der Zementart, von der Dichtigkeit und von der Betondruckfestigkeit. Übliche Karbonatisierungstiefen bei 20 Jahre alten Bauteilen liegen bei 15 bis 20 mm. Nicht selten liegen aber auch erheblich größere Karbonatisierungstiefen von mehreren Zentimetern vor. Hat die Karbonatisierungsfront die Bewehrungslage erreicht, ist dies allein bereits ein Grund, Instandsetzungsmaßnahmen durchzuführen. Das bedeutet in der Regel das Abschälen der karbonatisierten Schicht und die Applikation eines Instandsetzungssystems /7/.

Bei Verwendung von Portlandzement kommt es in der karbonatisierten Schicht zu erheblichen Festigkeitssteigerungen. Der karbonatisierte Beton ist spröder und dichter als nicht karbonatisierter Beton /1/. Es liegt also gegenüber nicht karbonatisiertem Beton eine Materialveränderung vor. Durch Versuche an künstlich karbonatisierten, mit Portlandzement hergestellten Betonprobekörpern (siehe Abschnitt 3.4.8) wird versucht, die Auswirkungen dieser Materialveränderung auf das mit dem Hochdruckwasserstrahl erzielbare Abtragsergebnis festzustellen. Die Ergebnisse der Abtragsversuche an den karbonatisierten Probekörpern werden mit den Ergebnissen einer repräsentativen Stichprobe nicht ausgeprägt karbonatisierten Betons verglichen.

Der Abbildung 60 ist zu entnehmen, daß im Falle der Karbonatisierung sowohl eine geringere mittlere Kerbtiefe als auch eine geringere mittlere Abtragsrate erzielt wird. Die angegebenen Konfidenzintervalle für die zu erwartenden Schwankungsbreiten der Mittelwerte verdeutlichen, daß diese Ergebnisse signifikant auf die Karbonatisierung zurückzuführen sind. Der absolute Unterschied bei der Kerbtiefe und der Abtragsrate ist jedoch vernachlässigbar gering.

Durch die höhere Festigkeit und Dichtigkeit der karbonatisierten Schicht wird mehr Strahlenergie verbraucht, um erste Risse in der Oberfläche zu initiieren. Das Kapillarporensystem der karbonatisierten Schicht ist verengt, so daß auch hier der Zugang für den Wasserstrahl erschwert wird. Die mittlere Kerbtiefe liegt bei den karbonatisierten Probekörpern in der gleichen Größenordnung wie die durchschnittliche Karbonatisierungstiefe. Die durch Karbonatisierung hervorgerufenen Materialveränderungen beeinflussen also den Abtrag bis in den Kerbgrund. Insgesamt kann der Abtrag des karbonatisierten Betons mit dem eines dichten Betons höherer Druckfestigkeit verglichen werden. Wie jedoch bereits in den Abschnitten 2.7.1 und 5.4.4.1 beschrieben wurde, ist der Einfluß der Betondruckfestigkeit auf das Abtragsergebnis, verglichen mit dem Einfluß der Systemparameter, als gering einzuschätzen. Absolut gesehen sind die Ergebnisunterschiede durch Karbonatisierung irrelevant.

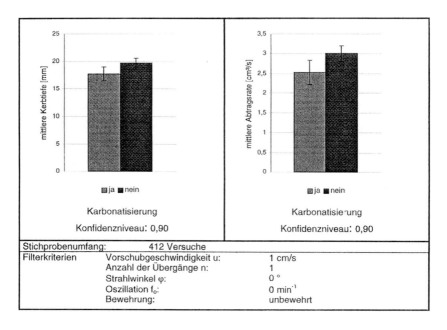

Abb. 60: *Einfluß von Karbonatisierung auf die Abtragsergebnisse.*

Fazit:

Karbonatisierung des mit Portlandzement hergestellten Betons führt zu geringeren Kerbtiefen und Abtragsraten. Die Unterschiede zu den Ergebnissen nicht karbonatisierten Betons sind absolut gesehen jedoch so gering, daß sie in der Größenordnung der bei Wasserstrahleinsätzen ohnehin zu erwartenden Toleranzgrenzen liegen. Es ergeben sich demzufolge keine Auswirkungen auf die Geräteeinsatzplanung. Von Bedeutung für die Gleichmäßigkeit von Abtragsergebnissen kann es sein, ob die bearbeiteten Flächen gleichmäßig karbonatisiert sind oder ob nur partiell größere Karbonatisierungstiefen vorliegen. In diesem Falle gilt, wie für das Vorliegen von Festigkeitsschwankungen in der bearbeiteten Fläche, daß die Angabe karbonatisierter und nicht karbonatisierter Flächen für die Einsatzplanung von Bedeutung ist (siehe Abschnitt 5.4.4.1).

5.4.4.9 Chloridbelastung

Einer der häufigsten Gründe für Betoninstandsetzung bei Stahlbetonbauwerken im Straßenraum ist die sogenannte "Chloridverseuchung" des Betons. Darunter ist zu verstehen, daß durch Umwelteinflüsse eine so große Menge an Chloridionen in den Stahlbeton eingedrungen ist, daß sie die Korrosion des Bewehrungsstahls verursachen. Ist dies der Fall, so muß sehr häufig die gesamte, chloridbelastete Betonschicht entfernt und durch ein geeignetes Instandsetzungssystem ersetzt werden. Es fallen also umfangreiche Betonabtragsarbeiten an. Der Hochdruckwasserstrahl ist hier besonders geeignet, weil er neben der Entfernung des chloridbelasteten Betons zusätzlich für das Ausspülen der Chloride aus den Lochfraßmulden der Bewehrung sorgt /7/. Die Bewehrung kann so trotz chloridbedingter Korrosion im Verbund zwischen chloridarmem Altbeton und Instandsetzungssystem, z.B. einem PCC-Reprofilierungsmörtel, verbleiben.

Wie in Abschnitt 3.4.9 beschrieben, werden insgesamt 5 Stahlbetonprobekörper einer Chloridbelastung unterworfen. Die Probekörper zeigen die typischen Anzeichen von chloridbedingten Schäden. Der Einfluß von stark korrodierender Bewehrung auf das Abtragsergebnis wird an diesen Probekörpern überprüft.

Nach dem Strahlen ist erkennbar, daß verstärkt schollenförmige Abplatzungen größerer, zusammenhängender Betonstücke im Randbereich der Kerben auftreten. Die Bruchstellen sind durch die für starke Chloridkorrosion charakteristischen Rostprodukte verfärbt (siehe Abbildung 9).

Die Ergebnisse werden mit Ergebnissen, die an nicht chloridbelasteten Stahlbetonprobekörpern gleicher Parameterkombinationen erzielt wurden, verglichen. Den Mittelwertdiagrammen (Abbildung 61) ist zu entnehmen, daß keine wesentliche Zunahme der Kerbtiefe erreicht wird. Die Abtragsrate steigert sich um ca. 15%, was mit den größeren Abplatzungen bei den chloridbelasteten Platten begründet werden kann. Die sich durch Rostsprengung ergebenden Gefügelockerungen werden vom Wasserstrahl als Ansatzstellen für den Abtrag genutzt. Es handelt sich dabei zumeist um radial von der Bewehrung ausgehende Risse. Die im Strahlschatten liegenden Gefügestörungen unterhalb der Bewehrung werden vom Strahl nicht erreicht und für den Abtrag nicht aktiviert. Es kommt zu den beschriebenen schollenförmigen Abplatzungen oberhalb der Bewehrung.

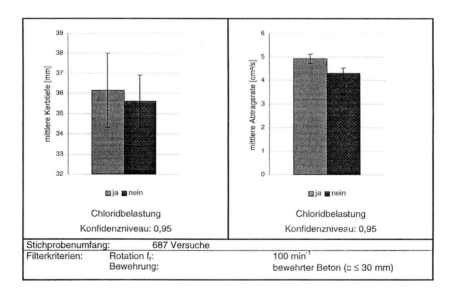

Abb. 61: *Einfluß chloridinduzierter Korrosion auf die Abtragsergebnisse.*

Fazit:

Eine vorhandene Chloridbelastung mit korrodierender Bewehrung führt nicht zu grundlegend anderen Abtragsergebnissen als Bewehrung allgemein. Insofern gelten die gleichen Aussagen wie in Abschnitt 5.4.4.7. Die im Beton vorhandenen Gefügelockerungen durch Rostsprengung wirken sich für den Abtrag nur in dem Bereich oberhalb der Bewehrung entscheidend aus und erleichtern nicht wesentlich den Abtrag. Das in größerem Maße auftretende schollenförmige Abplatzen des Betons oberhalb der Bewehrung tritt unregelmäßig auf und wirkt sich auf die nachfolgende Strahlfläche nach dem Querversatz der Strahldüse aus. Dort kommt es in den Bereichen, in denen schon Abplatzungen vorliegen, zu stark unterschiedlichen Kerbtiefen, so daß beim Flächenabtrag davon auszugehen ist, daß ein ungleichmäßigeres Abtragsbild entsteht. Bei chloridbelastetem Stahlbeton ist also mit einem sehr unebenen Betonuntergrund nach dem Strahlübergang zu rechnen. Durch Veränderungen der Systemparameter kann das Abtragsbild nicht positiv beeinflußt werden.

Anzumerken ist, daß insbesondere bei Chloridbelastung des Betons die Bewehrung vollständig freizulegen ist. Strahlschatten müssen also stets entfernt werden. Wegen der vorliegenden Gefügestörungen lassen sich die Strahlschatten bei stark korrodierter Bewehrung einfacher entfernen. Ist dies im Einzelfall durch Einstellung der Systemparameter nicht zu erreichen, so muß mit Handstrahllanzen nachgearbeitet werden.

5.4.4.10 Vorzeitiges Austrocknen in der Erhärtungsphase

Mangelhafte Nachbehandlung führt infolge Schwächung der Oberflächenschicht des Betons zu Folgeschäden. Wenn der Beton nicht unmittelbar nach der Herstellung vor Witterungseinflüssen geschützt und vorschriftsmäßig nachbehandelt wird, so können verschiedene Ursachen eine Schädigung auslösen. Trocknet der Beton an der Oberfläche aus, so wird die Erhärtung der äußeren Schicht gestört oder frühzeitig unterbrochen. Der Beton hydratisiert nicht vollständig. Es kommt zum Absanden der Oberfläche und zur Bildung von Rissen, die eine Verminderung der Festigkeit verursachen.

Es kommt darüberhinaus zu einer Materialbeeinflussung der äußeren Betonschicht, deren Auswirkungen auf den Betonabtrag mit dem Hochdruckwasserstrahl untersucht werden. Dazu werden vier Betonprobekörper, wie in Abschnitt 3.4.10 beschrieben, einer beschleunigten Austrocknung der Oberfläche unterworfen. Die Abtragsergebnisse werden mit den Ergebnissen einer repräsentativen Stichprobe ausreichend nachbehandelten Betons verglichen.

Der Abbildung 62 ist zu entnehmen, daß durch die geschwächte Oberflächenschicht des Betons eine größere Kerbtiefe erzielt wird. Eine signifikante Erhöhung der Abtragsrate kann jedoch nicht erzielt werden. Die absolute Vergrößerung der Kerbtiefe beträgt im Mittel nur 5 mm und ist daher nicht von praktischem Interesse.

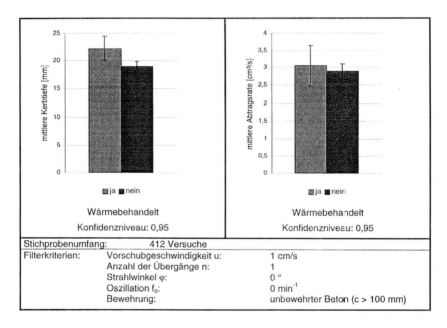

Abb. 62: *Einfluß mangelnder Festigkeit der äußeren Betonschicht auf die Abtragsergebnisse.*

Der Wasserstrahl kann die vermehrt auftretenden Gefügestörungen der äußeren Betonschicht nutzen, um Material aus dem Verbund zu lösen und abzutragen. Die Festigkeit der Schicht ist vermindert und entspricht der eines Betons geringerer

Festigkeitsklasse. So kommt es zu einer geringfügigen Erhöhung der Kerbtiefe. Wie bereits in Abschnitt 2.7.1 beschrieben, neigen Betone geringerer Festigkeit jedoch zu geringeren Ausbrüchen im Randbereich der Kerben. Dieser kompensierende Effekt verhindert die Erhöhung der Abtragsrate.

Fazit:

Die Schwächung der äußeren Schicht des Betons durch vorzeitiges Austrocknen hat keinen wesentlichen Einfluß auf das mit dem Wasserstrahl erzielbare Abtragsergebnis. Wie für alle Materialparameter, die absolut gesehen nur einen geringen Einfluß auf die Abtragsergebnisse haben, gilt jedoch auch hier, daß es immer dann zu einer nachteiligen Beeinflussung des bearbeiteten Betonuntergrundes kommt, wenn die Einflüsse nur partiell in Teilbereichen der bearbeiteten Flächen vorliegen und keine Anpassung der Systemparameter an die veränderten Verhältnisse durchgeführt wird.

5.4.5 Regressionsanalysen

Mit Hilfe multipler Regressionsrechnungen wird untersucht, ob funktionale Zusammenhänge verschiedener Parameter bei der Erzeugung der Abtragsergebnisse bestehen. Funktionale Abhängigkeiten der Abtragsergebnisse von einzelnen Parametern konnten bereits bei den Einzeluntersuchungen in Abschnitt 5.4.2.3 für die Strahlleistung und in Abschnitt 5.4.4.1 für die Betondruckfestigkeit durch die Angabe von Trendkurven aufgezeigt werden. Da die mit dem HDWS-Verfahren erzielbaren Resultate von mehreren Parametern und ihren Wechselwirkungen untereinander abhängig sind, wird versucht, entsprechende funktionale Abhängigkeiten über Regressionsanalysen aufzuzeigen.

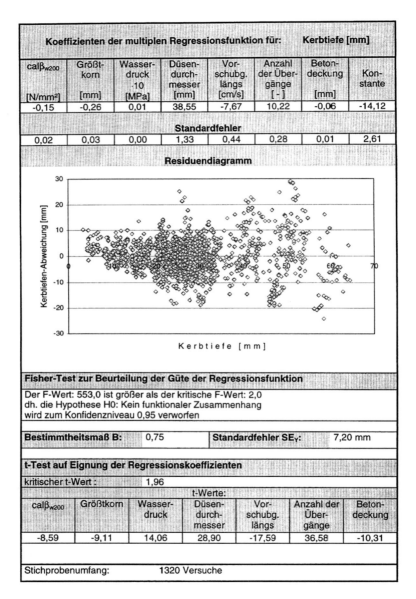

Abb. 63: Lineare multiple Regression zur Feststellung funktionaler Zusammenhänge zwischen Prozeßparametern und Kerbtiefenergebnissen.

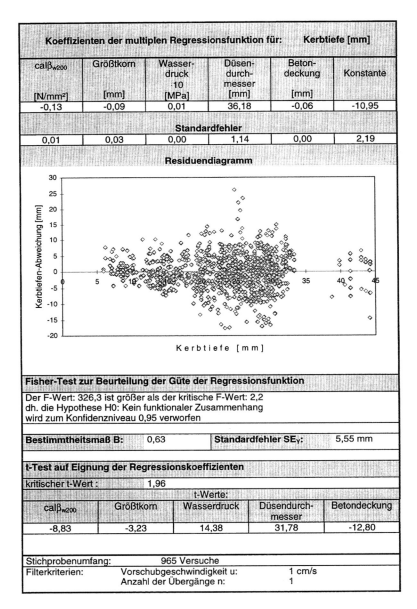

Abb. 64: Lineare multiple Regression zur Feststellung funktionaler Zusammenhänge zwischen Prozeßparametern und Kerbtiefenergebnissen.

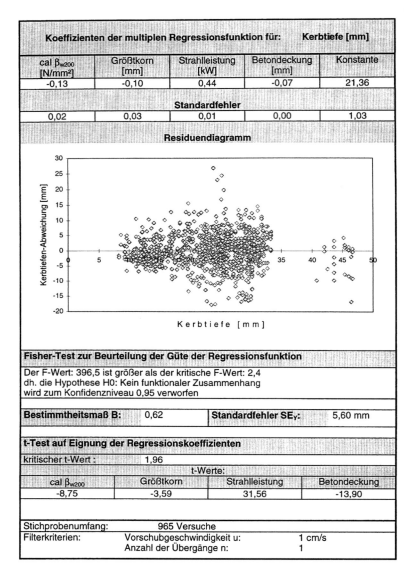

Abb. 65: Lineare multiple Regression zur Feststellung funktionaler Zusammenhänge zwischen Prozeßparametern und Kerbtiefenergebnissen.

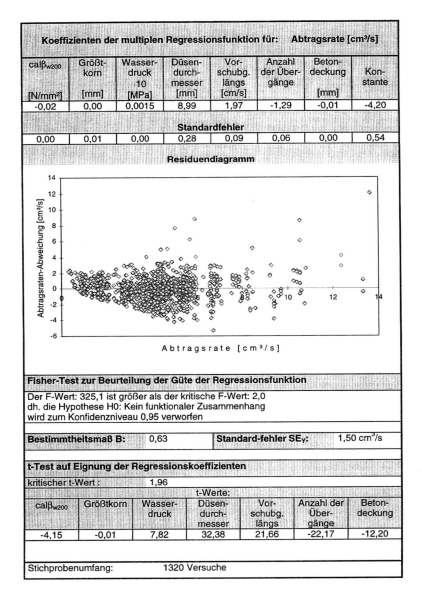

Abb. 66: Lineare multiple Regression zur Feststellung funktionaler Zusammenhänge zwischen Prozeßparametern und Abtragsratenergebnissen.

Die Ergebnisse der Korrelationsanalysen (siehe Abschnitt 5.4.1) und der Einzeluntersuchungen der Parameter (siehe Abschnitt 5.4.3 bis 5.4.4) sowie die Erkenntnisse aus der Literaturauswertung /5/ /6/ werden dabei zur Auswahl von Parameterkombinationen für die Durchführung der Regressionen verwendet. Parameter die keinen oder nur einen minimalen Beitrag zur Varianz der Abtragsergebnisse leisten, werden ausgeschlossen. Es werden ebenfalls nur solche Parameter in den Regressionen untersucht, die zahlenmäßig skalierbare Ausprägungen aufweisen. Parameter die untereinander funktional abhängig sind, werden getrennt untersucht. Die Ergebnisse verschiedener Regressionsanalysen sind in den Abbildungen 63 bis 66 dargestellt.

In Abbildung 63 werden die Ergebnisse einer Regressionsanalyse der Prozeßparameter Betondruckfestigkeit calβ_{W200} , Größtkorndurchmesser, Wasserdruck p, Düsendurchmesser d, Vorschubgeschwindigkeit u, Anzahl der Übergänge n, Betondeckung c und des Ergebnisparameters Kerbtiefe h_K dargestellt. Die im Residuendiagramm dargestellten Abweichungen zwischen den berechneten und den gemessenen Werten haben keine signifikant steigende oder fallende Tendenz, was auf eine lineare Beziehung schließen läßt. Das multiple Bestimmtheitsmaß B von 0,75 gibt an, daß 75% der Streuung der gemessenen Ergebnisse durch das Zusammenwirken der gewählten Parameter erklärt werden kann. Bei einem gewählten Konfidenzniveau von 0,95 überschreitet der F-Wert mit 553,04 den kritischen F-Wert (F-Quantil) mit 2,02 deutlich. Daraus ist zu schließen, daß die Regressionsfunktion die Beziehung zwischen den Parametern und dem Ergebnis ausreichend gut beschreibt. Der kritische t-Wert mit 1,96 wird als Absolutwert von allen Parametern überschritten was bedeutet, daß sich alle gewählten Parameter als Regressoren eignen. Die ermittelte Regressionsfunktion erlaubt Vorhersagen über erzielbare Kerbtiefen mit einem Standardfehler SE_Y von 7,2 mm.

Durch die Eliminierung einzelner Parameter aus der Analyse wird untersucht, ob das funktionale Zusammenwirken der restlichen Parameter ebenfalls ausreichend aussagekräftige Ergebnisse liefert. Die Vorschubgeschwindigkeit und die Anzahl der Übergänge verändern die Belastungszeit, mit der der Wasserstrahl auf das Strahlgut einwirkt. Der Ausschluß dieser Parameter soll zeigen, ob diese Tatsache auch bei der Betrachtung funktionaler Zusammenhänge von entscheidender Bedeutung ist. Um den Einfluß der beiden Parameter vollkommen auszuschließen, werden ihre Ausprägungen in der untersuchten Stichprobe konstant gehalten. Abbildung 64 zeigt die Ergebnisse der Regression. Wie das Ergebnis des F-Tests zeigt, beschreibt auch diese Regressionsfunktion die Beziehung zwischen den Prozeßparametern und dem Kerbtiefenergebnis aus statistischer Sicht ausreichend. Sie ist jedoch, wie das geringere multiple Bestimmtheitsmaß mit 0,63 zeigt, nicht so gut geeignet, die Streuung der Ergebnisse zu erklären, wie die Regressionsfunktion in Abbildung 63.

In einem dritten Schritt werden die beiden Parameter Wasserdruck und Düsendurchmesser durch den funktional von diesen abhängigen Parameter Strahlleistung P ersetzt. Das Ergebnis der Regression ist in Abbildung 65 dargestellt. Es zeigt sich, daß die Aussagekraft dieser Regressionsfunktion gleich der der Funktion in Abbildung 64 ist. Die multiplen Bestimmtheitsmaße und die Standardfehler der Funktionen sind gleich.

Eine weitere Regressionsanalyse (Abbildung 66) zeigt den funktionalen Zusammenhang der Prozeßparameter mit dem Ergebnisparameter Abtragsrate. Es werden dieselben Prozeßparameter in die Regressionsanalyse einbezogen, wie bei der Untersuchung der Zusammenhänge der Kerbtiefenergebnisse (Abbildung 63). Die Darstellung der Berechnungsabweichungen von den Meßwerten im Residuendiagramm läßt auch hier den Schluß auf einen linearen Zusammenhang zu. Das multiple Bestimmtheitsmaß B von 0,63 bedeutet, daß 63% der Streuung der gemessenen Abtragsraten-Ergebnisse durch das Zusammenwirken der gewählten Parameter erklärt werden kann. Die Regressionsfunktion beschreibt die Beziehung zwischen den Prozeßparametern und dem Ergebnis ausreichend. Wie das Ergebnis des t-Tests zeigt, sind jedoch nicht alle Parameter als Regressoren geeignet. Erwartungsgemäß erfüllt der Parameter Größtkorn die Anforderung des t-Tests nicht und ist damit als Regressor ungeeignet. Die ermittelte Regressionsfunktion erlaubt Vorhersagen über erzielbare Abtragsraten mit einem Standardfehler SE_Y von 1,5 cm³/s.

Bei den Auswertungen der Versuchsergebnisse werden eine Vielzahl von linearen und exponentiellen multiplen Regressionen durchgeführt. Auch die in Abschnitt 5.3.4

beschriebenen zusätzlichen Möglichkeiten des Auswertungsprogramms (siehe auch Anlage 8) werden auf unterschiedliche Stichproben der Versuchsergebnisse angewendet. Die in diesem Abschnitt beschriebenen Auswertungen stellen die Zusammenhänge am besten dar. Auf die Angabe der übrigen Auswertungsergebnisse wird mit Rücksicht auf den Umfang der Arbeit verzichtet.

Fazit:

Die Auswertungen der multiplen Regressionen zeigen, daß funktionale Zusammenhänge zwischen den ausgewählten Prozeßparametern und den Abtragsergebnissen bestehen. Gleichzeitig wird jedoch auch deutlich, daß eine für baupraktische Anwendungen relevante Angabe von Abtragsfunktionen nicht möglich ist. Die Streuung der Ergebnisse ist zu groß, um bei Kenntnis der Materialparameter für konkrete Systemparameter-Einstellungen in der Praxis ausreichend exakte Ergebnis-Voraussagen treffen zu können.

6. Baupraktische Umsetzung

Alle im Rahmen der Versuche verwendeten Beton- und Stahlbeton-Probekörper haben Abmessungen, die weit über das übliche Maß von Probekörpern im Laborversuch hinausgehen. Die Probekörper wurden mit handelsüblichem, qualitätsüberwachtem Transportbeton hergestellt. Bewehrung, sofern diese eingebaut wurde, ist zwar den Anforderungen von Probekörpern entsprechend absolut exakt in der Höhen- und Seitenlage fixiert, die Bewehrungsanordnung entspricht aber der im üblichen Hochbau zum Einsatz kommenden Anordnung. Insofern können die Probekörper wie übliche Wand- oder Deckenelemente betrachtet werden.

Durch die Größe der Probekörper sind entsprechend lange Bearbeitungsabschnitte verfügbar. Die durchschnittliche im Versuch erreichte Kerblänge beträgt 80 cm. Fehler und Verschiebungen infolge auftretender Unstetigkeiten können bei der Mittelwertbildung über die gesamte Kerblänge minimiert werden.

Die eingesetzten HDWS-Geräte sind handelsübliche Geräte, wie sie auch im praktischen Baustelleneinsatz verwendet werden. Der dabei in der Mehrzahl der Versuche eingesetzte Druckerzeuger "S 2000" der Firma Hammelmann (p_{max} = 200 MPa, Q_{max} = 14 l/min) entspricht der Gerätegruppe des Höchstdruckbereiches, die im praktischen Einsatz in der Regel für Einsätze an Hochbaufassaden, zur Reinigung und Aufrauhung und für Spezialaufgaben eingesetzt wird. In der Mehrzahl der Einsatzfälle bei der Betoninstandsetzung wird mit Geräten des Hochdruckbereiches (p_{max} = 120 MPa, Q_{max} = 250 l/min) (siehe Abschnitt 2.4) gearbeitet. Die am Forschungsinstitut vorhandene 200 MPa Anlage ist mobil und somit sowohl für den Einsatz im Labor als auch auf Baustellen geeignet. Sie zeichnet sich darüber hinaus durch geringe Rüstzeiten und einen geringen Platzbedarf aus. Die Wasserversorgung der Anlage stellt wegen des geringen Fördervolumens auch an exponierten Stellen kein Problem dar.

Die Abtrags- und Wirkmechanismen sind bei beiden Druckbereichen grundsätzlich gleich /5/ /6/. Dadurch ist eine Übertragung der mit der 200 MPa-Anlage gewonnenen Erkenntnisse auf Anlagen des 100 MPa-Druckbereiches möglich. Zur Verifizierung dieser Aussage wurden mit einer Hochdruckanlage Vergleichsversuche im

100 MPa-Druckbereich gefahren. Die Aussage der Übertragbarkeit der Ergebnisse wird durch die Versuche bestätigt.

Dennoch sind einige Besonderheiten bei der Übertragbarkeit der Ergebnisse zu berücksichtigen. Im Rahmen der Versuche konnte z. B. keine wesentliche Reduzierung des *Strahlschattens* durch Variation der Betriebsparameter bei der Stahlbetonbearbeitung erzielt werden. Die Vermeidung von Strahlschatten ist jedoch praktisch von großem Interesse und wird bei der Freilegung von Bewehrung üblicherweise verlangt. Dort, wo in der Praxis großflächig Bewehrung freigelegt wird, werden in der Regel Geräte des Hochdruckbereiches eingesetzt. Dabei kommen Fördervolumen von bis zu 250 Liter Wasser pro Minute zum Einsatz. Die Strahlleistungen liegen bei bis zu 500 kW und sind damit durchschnittlich um den Faktor 10 größer als bei den durchgeführten Versuchen. In Verbindung mit geeigneten Düsenführungs-Systemen kann mit derartigen Geräten eine Reduzierung des *Strahlschattens* erreicht werden. Während die Strahlleistung der üblicherweise eingesetzten Höchstdruck-Geräte gerade ausreicht, um Abtragstiefen zu erreichen, die ein vollständiges Freilegen der Bewehrung gestatten (siehe Abb. 35), können derartige Kerbtiefen mit Hochdruck-Geräten bei wesentlich größeren Strahlleistungen leicht erzielt werden. Durch das große Fördervolumen wird auch wesentlich mehr Material von der Strahlstelle weggefördert. In Einsatzfällen, bei denen mit Höchstdruck-Geräten Bewehrung vollständig freizulegen ist, kommen üblicherweise Handstrahl-Lanzen zum Einsatz. Dabei ist eine ständige Anpassung der Betriebsparameter durch den Bediener gegeben und auch hier können auf diese Weise *Strahlschatten* minimiert werden.

Einige der in der Arbeit beschriebenen Effekte werden durch den Einsatz höherer Strahlleistungen verstärkt oder kommen erst bei höheren Strahlleistungen zur Auswirkung.

Alle Versuche werden an horizontalen Flächen mit nach unten gerichteter Strahldüse gefahren. Dies entspricht dem in der Praxis am häufigsten vorkommenden und gleichzeitig dem zur Ausnutzung der Strahlenergie ungünstigsten Einsatzfall. Dämpfungseffekte, wie sie in Kapitel 2 beschrieben werden, verringern sich oder entfallen ganz, wenn vertikale Flächen oder Überkopf-Flächen bearbeitet werden, weil eine Entwässerung der erzeugten Kerben in jedem Falle unmittelbar eintritt. Es ist daher damit zu rechnen, daß diese, den Abtrag begünstigenden Effekte bei der Bearbeitung von vertikalen Flächen oder Überkopf-Flächen verstärkt auftreten. Steigerungen der Abtragsleistung sind zu erwarten.

Die gewonnenen Erkenntnisse lassen eine Reihe von Schlußfolgerungen für die baupraktische Umsetzung zu:

Die Erkenntnis, daß der Einfluß der Systemparameter auf die Varianz der Abtragsergebnisse Kerbtiefe und Abtragsrate den Einfluß der Materialparameter stark überwiegt, bedeutet, daß die meisten in der Praxis vorkommenden Aufgaben beim Betonabtrag mittels HDWS-Technik gelöst werden können. Voraussetzung ist, daß bei der Formulierung der Anforderungen die technischen Möglichkeiten beachtet werden. Darauf wird in diesem Kapitel an anderer Stelle noch näher eingegangen. Dem steht die in der Praxis gewonnene Erkenntnis entgegen, daß Schwankungen der Materialparameter zu stark unterschiedlichen Abtragsergebnissen führen können. Hierbei handelt es sich nur scheinbar um einen Widerspruch.

Die Bearbeitung einer Betonfläche mit homogener Materialparameter-Zusammensetzung bereitet in der Regel keine Probleme. Anhand der Beurteilung einer bearbeiteten Probefläche werden die Systemparameter den örtlichen Verhältnissen angepaßt. Das HDWS-Verfahren kann entsprechend den eingestellten Parametern auf der gesamten Fläche eingesetzt werden. Es ist mit einheitlichen Abtragsergebnissen zu rechnen.

Tatsächlich ist in der Praxis jedoch nicht davon auszugehen, daß homogene Materialparameter auf größeren zusammenhängenden Flächen vorliegen. Es zeigt sich vielmehr, daß mit erheblichen Schwankungen bereits bei kleineren Bearbeitungsflächen zu rechnen ist. Diese Schwankungen sind zum einen begründet in Unregelmäßigkeiten bei der Betonherstellung und zum anderen in Materialveränderungen während der Nutzungsphase des Bauwerks. Besonders ungünstig wirken sich hier Unterschiede in der Betondruckfestigkeit innerhalb einer bearbeiteten Fläche auf die Abtragsergebnisse aus. Auch Schäden infolge korrodierender Bewehrung und das

Vorhandensein von Bewehrung generell haben, wie in den Abschnitten 5.4.4.7 und 5.4.4.9 gezeigt, einen starken Einfluß auf die Abtragsergebnisse und sind bei der Einsatzplanung zu berücksichtigen.

Die Versuche sowie Beobachtungen auf Baustellen zeigen, daß mit hydrodynamischen Abtragsverfahren kein glatter und ebener Untergrund erzeugt werden kann. Es ist beim Abtrag im Mittel mit Unebenheiten und Profilhöhen in der Größenordnung der Soll-Abtragstiefe zu rechnen. Je nach den vorliegenden Materialparametern reduziert sich das Maß der Unebenheit und Rauheit. Weist z.B. der abzutragende Beton eine gleichmäßige Druckfestigkeit auf, so wird die Soll-Abtragstiefe im Mittel wesentlich besser eingehalten.

Als Konsequenz dieser Erkenntnisse müssen dem Einsatzplaner wesentlich bessere Informationen über die zu erwartenden Materialparameter gegeben werden, als dies bislang der Fall ist. Dabei sind weniger die absoluten Werte der Materialparameter von Interesse, da, wie beschrieben, in jedem Falle eine Bearbeitung durch Anpassung der Systemparameter möglich ist. Vielmehr interessiert die Schwankungsbreite der Materialparameter. Eine einfache und preiswerte Methode zur Feststellung von Schwankungen der Betondruckfestigkeit ist die Untersuchung der Flächen mit dem Rückprallhammer. Im Falle starker Schwankungen bei den Materialparametern müssen entweder größere Abweichungen von den Soll-Vorgaben in Kauf genommen werden, oder der Ausführende muß ständig die Systemparameter an die veränderten Materialparameter anpassen, was zu Leistungseinbußen und in der Folge zu Kostensteigerungen führt. Vor Arbeitsbeginn sollte Einvernehmen über die gewünschte Vorgehensweise herbeigeführt werden.

Das gleiche gilt für die Bewehrungssituation der bearbeiteten Flächen. Hier sollte, soweit möglich, die Information über die Lage und den Zustand der Bewehrung an den Einsatzplaner gegeben werden. Die Lage der Bewehrung kann mit modernen Bewehrungssuchgeräten schnell ermittelt werden. Soweit vorhanden, gibt ein Vergleich mit den Bewehrungsplänen aus der Bauphase Aufschluß über die Bewehrung der zu bearbeitenden Flächen. Dort, wo mit starken Korrosionsschäden an der Bewehrung zu rechnen ist, wird in der Regel der Einsatz von speziellen Meßverfahren, wie der Potentialmessung oder das Freistemmen von Kontrollflächen zur Feststellung des Schadensumfangs und zur Festlegung der Abtragstiefe erforderlich sein.

Vorteilhaft für die Einsatzplanung wären auch weitere Informationen zur Zuschlagart und -korngröße. Diese lassen sich an Bruchstellen in der Regel einfach bestimmen. Falls noch Unterlagen aus der Bauphase vorliegen, helfen auch Informationen zur Sieblinie. Eine Ermittlung dieses Materialparameters anhand von Probennahmen ist aber angesichts der hohen Kosten für die labormäßige Bestimmung nicht notwendig. In der Regel kommt es bei Materialparametern wie Zuschlagart, Zuschlaggrößtkorn und Sieblinie nicht zu größeren Schwankungen innerhalb einer bearbeiteten Fläche. Die Kenntnis dieser Parameter ermöglicht dem Einsatzplaner die Abschätzung der zu erwartenden Ergebnisse in Relation zu anderen, bereits bearbeiteten Flächen. Die Erfahrung des Ausführenden spielt also eine wesentliche Rolle, zumal die verschiedenen am Markt angebotenen HDWS-Geräte unterschiedliche Systemparameter-Einstellungen ermöglichen.

In der Praxis kommt es zudem häufig zur Überlagerung von Materialparametereinflüssen. Eine eindeutige Zuordnung von Ursachen und Wirkungen beim Zustandekommen von Abtragsergebnissen, die nicht den Anforderungen der Ausschreibungen genügen, ist dann schwierig. Liegt z. B. eine Chloridbelastung mit bereits eingetretenen Korrosionsschäden an der Bewehrung vor und schwankt die Betondruckfestigkeit der bearbeiteten Flächen, so ist der gestrahlte Betonuntergrund sehr uneben und gekennzeichnet von großen Ausbruchstellen. Bei dünnen Betondecken kann es in solchen Fällen eventuell zu Durchbrüchen kommen. Da die Stellen starker Vorschädigung selten exakt eingegrenzt werden können, muß dieses Resultat in Kauf genommen werden, wenn die HDWS-Technik eingesetzt werden soll.

Die zur Zeit im Einsatz befindlichen Geräte (siehe Abschnitt 2.4) weisen bereits einen hohen Optimierungsgrad auf. Hier sind vor allem die Abtragsroboter zu nennen. Auch bei Geräten zur Aufrauhung und Reinigung von Oberflächen ist ein hoher Entwicklungsstand erreicht. Dennoch gibt es noch einige Ansatzpunkte für Verbesserungen. Für Abtragsarbeiten kommt in der Praxis nur selten die rotierende Strahlführung zum Einsatz, die aber, wie beschrieben, wesentliche Vorteile aufweist. Hier gibt es noch ein Entwicklungspotential, das zur Zeit noch nicht ausgeschöpft ist. Durch den Einsatz rotierender Strahlbewegung könnte, wie in Abschnitt 5.4.3.5 beschrieben, eine erhebliche Leistungssteigerung beim Betonabtrag erreicht werden.

Eine wichtige Erkenntnis ist, daß im Gegensatz zur Kerbtiefe und zur Abtragsrate das Abtragsbild nur begrenzt durch die Systemparameter beeinflußbar ist. Hier spielen die Materialparameter eine entscheidende Rolle. Eine planmäßige Erzeugung von gebrochenem Zuschlag in der Traggrundschicht z.B. ist durch die Variation der Systemparameter nicht in jedem Falle möglich. Gebrochener Zuschlag stellt sich nach der Wasserstrahlbearbeitung in Abhängigkeit von der Betonfestigkeit von selbst ein. Auch die Ebenheit und Rauheit der gestrahlten Fläche wird in starkem Maße von den Materialparametern beeinflußt. Hier kann die Wahl von Systemparametern wie Strahlbewegung, Vorschubgeschwindigkeit und Anzahl der Übergänge lediglich geringfügige Verbesserungen bringen.

Eine weitere Erkenntnis, die im Zusammenhang mit den Oberflächenzuguntersuchungen gewonnen wurde, ist, daß die Oberfläche nach dem Strahlen unbedingt von Schmutz- und Strahlgutpartikeln, die sich mit Strahlwasserresten auf der Oberfläche ablagern, gereinigt werden muß. Geschieht dies nicht, so bilden die zurückbleibenden Feinschwebstoffpartikel eine Trennschicht, die die Haftung des Instandsetzungssystems am Beton erheblich negativ beeinflußt. Der Erfolg der gesamten Maßnahme kann durch derartige Ausführungsfehler zunichte gemacht werden.

Eine Empfehlung, die für den Einsatz hydrodynamischer Abtragsverfahren generell gegeben werden kann, ist, daß der Strahlabstand möglichst klein gewählt werden sollte. Dies bedeutet für den praktischen Einsatz, daß bei Mehrfachüberfahrten die Strahldüse nachgeführt werden muß, um die Strahlenergie optimal auszunutzen. Dort, wo die Nachführung der Strahldüse möglich ist, kann dadurch eine erhebliche Leistungssteigerung des HDWS-Verfahrens erreicht werden.

Die Unkenntnis der Abtrags- und Wirkmechanismen hydrodynamischer Verfahren und deren technischer Möglichkeiten führt in der Praxis häufig zu Unstimmigkeiten darüber, ob die gestellten Anforderungen nach einem Wasserstrahleinsatz und mit den zur Verfügung stehenden technischen Mitteln erfüllt wurden.

Es wird deutlich, daß Aufklärungsarbeit über die technischen Möglichkeiten des Einsatzes hydrodynamischer Abtragsverfahren geleistet werden muß. Besonders die Planer von Betoninstandsetzungen müssen besser über die Technik informiert sein, bevor sie HDWS-Verfahren in Ausschreibungen aufführen. Die Ausführenden Firmen setzen in der Regel qualifiziertes Personal ein. Sie können auf einen reichen Erfahrungsschatz aus bereits abgeschlossenen HDWS-Einsätzen zurückgreifen und dadurch die nicht immer vorhandene Kenntnis der genauen Zusammenhänge zwischen den Prozeßparametern ausgleichen. Bei Baustellenbesuchen wurde deutlich, daß viele der in den Untersuchungen gewonnenen wissenschaftlichen Erkenntnisse basierend auf Erfahrungswerten bereits umgesetzt werden. Eine genauere Kenntnis der Zusammenhänge würde jedoch auch hier zu Leistungssteigerungen führen und die Qualität der Ausführungen in vielen Fällen weiter verbessern. Schulungsveranstaltungen zu diesem Thema werden bei verschiedenen Einrichtungen angeboten /33/ und auch die Systemhersteller sind in der Regel stets bemüht, Aufklärungsarbeit zu leisten.

Die Vorgaben in der Ausschreibung sollten die Möglichkeiten des Anwenders zur optimierten Maschinen-Einsatzplanung nicht einschränken. Vielmehr sollte das gewünschte Strahlergebnis im Rahmen der technischen Möglichkeiten genau beschrieben werden. Es sollte dann dem Anwender überlassen werden, welches Gerät er in welcher Weise einsetzt, wobei baustellenspezifische Einschränkungen, wie z.B. Vorgaben und Einschränkungen bei der Strahlwasserentsorgung oder Schwierigkeiten bei der Zugänglichkeit von Bauteilen zu berücksichtigen sind. Dies garantiert zum einen die qualitativ hochwertige und wirtschaftlich günstige Ausführung durch den Bearbeiter, zum anderen ermöglicht es diesem, eine anforderungsgerechte Kalkulation aufzustellen.

7. Zusammenfassung

Beim Einsatz der HDWS-Technik in der Betoninstandsetzung wird zur Zeit weitgehend auf Erfahrungswerte zurückgegriffen. Die Bedingungen für einen Einsatz werden mit den Erfahrungen aus vorangegangenen Einsätzen verglichen. Die Systemeinstellung wird aufgrund dieser Erfahrungswerte vorgenommen. Es besteht allgemein ein großes Wissensdefizit hinsichtlich der technischen Möglichkeiten und der Wirkmechanismen beim Umgang mit der HDWS-Technik.

Die durchgeführten Versuche tragen zur Klärung der Zusammenhänge zwischen Prozeßparametern und Abtragsergebnissen beim Einsatz von HDWS-Verfahren bei. Die Ergebnisauswertung belegt viele in der Vergangenheit ansatzweise aufgestellte Hypothesen. Gleichzeitig zeigt sich eine Reihe neuer Zusammenhänge.

Eine wesentliche Feststellung ist, daß der Einfluß der Gruppe der Systemparameter den Einfluß der Materialparameter auf die Varianz der Abtragsergebnisse bei weitem überwiegt. Dies bestätigen die in Abschnitt 5.4.1 beschriebenen Korrelationsanalysen und die Untersuchungen der Einzelparameter. Der Einfluß bestimmter Materialparameter, wie z. B. des Zementgehaltes, ist, sofern dieser überhaupt vorhanden ist, nur erkennbar, wenn bei Variation des untersuchten Parameters die übrigen Prozeßparameter exakt konstant gehalten werden. Da der Einfluß solcher Parameter auf die Ergebnisse nur von geringem anwendungspraktischem Interesse ist, wird auf die detaillierte Untersuchung unter Berücksichtigung des Gesamtumfangs der Arbeit und unter Beachtung der Zielsetzung, in der der Praxisbezug im Vordergrund steht, verzichtet. Bei anderen Materialparametern, wie z.B. bei der Betondruckfestigkeit, ist ein Einfluß auch dann erkennbar, wenn verschiedene Systemparametereinstellungen in die untersuchte Stichprobe eingehen.

Für den praktischen Einsatz von HDWS-Geräten folgt aus der Dominanz der Systemparameter, daß jeder Beton den Anforderungen gemäß bearbeitet werden kann, wenn die Systemparameter entsprechend gewählt werden. Veränderte Materialparameter, wie höhere Betondruckfestigkeiten, können durch Anpassung der Systemparameter an die veränderten Bedingungen berücksichtigt werden. Grenzen liegen dort, wo die eingesetzten Strahlleistungen nicht ausreichen, gewünschte Wirkungen zu erzielen oder wo bedingt durch gerätetechnische Einschränkungen ein Abtrag unmöglich ist. Ein Beispiel hierfür ist die maximale Kerbtiefe (Grenztiefe), die ohne Nachführung der Strahldüse bei konstanter Strahlleistung nicht überschritten werden kann. Dieser Fall tritt beim flächigen Abtrag von Stahlbeton mit vollständiger Freilegung der Bewehrung auf. Hier ist ein Nachführen der Strahldüse bei Abtragsrobotern nicht möglich und dadurch der Tiefenabtrag begrenzt. Schwierigkeiten können ebenfalls auftreten, wenn beschichteter Beton bearbeitet wird. Hier ist aus der Praxis bekannt, daß mitunter eine zufriedenstellende Bearbeitung derartiger Betone mit HDWS-Systemen nur unter erheblichen Leistungseinbußen möglich ist. Die Untersuchung derartiger Spezialfälle war nicht Gegenstand der Untersuchungen.

Die Einzeluntersuchungen der Prozeßparameter ergaben grundsätzliche Bestätigungen bekannter Zusammenhänge. So konnte der Strahlparameter Strahlleistung als der prägnanteste Einflußparameter für die Abtragsinterpretation bestätigt werden. Hier ergeben sich nahezu funktionale Zusammenhänge zwischen der Strahlleistung und den Abtragsergebnissen.

Weiterhin entscheidend für die Wirkung des Wasserstrahls ist die Belastungszeit des Strahlgutes durch den Wasserstrahl. Diese wird unter anderem von den Betriebsparametern Vorschubgeschwindigkeit und Anzahl der Übergänge beeinflußt. Es wird gezeigt, daß die mehrfache Überfahrt mit hoher Vorschubgeschwindigkeit effektiver ist als eine einfache Überfahrt mit niedriger Vorschubgeschwindigkeit. Bei konstanter Belastungszeit kann so eine größere Abtragstiefe erreicht werden. Die Grenztiefe kann jedoch auch hier nicht überschritten werden.

Die Effekte der Strahlwinkeleinstellung differieren für die untersuchten Ausprägungen des Parameters von bisherigen Erkenntnissen /5/. So kann kein signifikanter Einfluß des Strahlwinkelvorzeichens auf die Abtragsergebnisse gefunden werden. Die Einstellung eines Strahlwinkels führt generell zu einer Erhöhung der Kerbtiefe. Zu einer Erhöhung der Abtragsrate kommt es durch die Einstellung eines Strahlwinkels jedoch lediglich bei unbewehrtem Beton. Bei Stahlbeton hingegen verringert sich die Abtragsrate leicht, was an den veränderten Strömungsverhältnissen in der Kerbe bei vorhandener Bewehrung liegt. Wird flächig Beton abgetragen, so kann das Strahlwasser zusätzlich zur Seite in den bereits abgetragenen Bereich entwässern. Für diesen Fall ist auch bei Stahlbeton durch die Einstellung eines Strahlwinkels eine Steigerung der Abtragsrate erreichbar.

Die Strahlbewegung ist ein in der Praxis durch einfache Maßnahmen zu variierender Einstellparameter. Moderne Düsenführungssysteme stellen dem Düsenführer mehrere Varianten zur Verfügung. Aus diesem Grund wird dieser Betriebsparameter in drei Ausprägungen näher untersucht. Dabei wird deutlich, daß die Einstellung einer Strahlrotation erhebliche Leistungssteigerungen gegenüber den Einstellungen Oszillation und gerader Vorschub ohne Querbewegung bewirkt. Hier kommt der Effekt der Mehrfachüberfahrten bei konstanter Belastungszeit zum Tragen. Die Steigerungen bei der Kerbtiefe wie auch bei der Abtragsrate sind erheblich und rechtfertigen die Aussage, daß Düsenführungssysteme, die eine rotierende Strahlbewegung erzeugen, wesentliche Verbesserungen bei den erreichbaren Geräteleistungen zur Folge haben.

Bei den Materialparametern werden besonders die Auswirkungen von Festigkeitsschwankungen in der bearbeiteten Fläche auf die Abtragsergebnisse erkundet. Hier wird deutlich, daß mit zunehmender Betondruckfestigkeit die Kerbtiefenergebnisse linear abnehmen. Mit zunehmender Betonfestigkeit nimmt die Zementsteinfestigkeit und die Bindung zwischen Zementstein und Zuschlag zu und setzt dadurch dem Wasserstrahlabtrag einen höheren Widerstand entgegen. Dennoch kommt es aufgrund der Inhomogenitäten des Betons zu einer starken Streuung der Ergebnisse, so daß von einem echten funktionalen Zusammenhang nicht gesprochen werden kann. Die in der Praxis beobachteten Unterschiede in der Abtragsleistung bei variierenden Betonfestigkeiten können jedoch damit erklärt werden. Daß kein funktionaler Zusammenhang zwischen den Betonfestigkeiten und den Ergebnissen der Abtragsrate erkennbar ist, kann dadurch erklärt werden, daß mit zunehmender Betonfestigkeit verstärkt Randabplatzungen entstehen, die die Verminderung des Abtragsvolumens infolge Kerbtiefenverringerung kompensieren. Für den praktischen Einsatz ist von besonderer Bedeutung, daß bei Festigkeitsschwankungen innerhalb einer bearbeiteten Fläche mit wesentlichen Unterschieden bei den Abtragstiefen zu rechnen ist, wenn die Systemparameter nicht an die variierenden Festigkeiten angepaßt werden. Es kommt dadurch zu starken Unebenheiten im bearbeiteten Betonuntergrund.

Der Einfluß des Größtkorndurchmessers auf die Abtragsergebnisse ist bei den Versuchen nicht signifikant. Diese Erkenntnis steht im Widerspruch zu Ergebnissen früherer Untersuchungen /5/. Es ist jedoch zu beachten, daß der Parameter Größtkorn bei den beschriebenen Versuchen in den Ausprägungen 16 mm und 32 mm untersucht wird. Bei den erwähnten früheren Untersuchungen wurde er hingegen zwischen 8 mm und 16 mm variiert. Hier kann davon ausgegangen werden, daß sich bei den eingesetzten Strahlleistungen bis maximal 80 kW kein grundlegender Unterschied bei Auswirkungen des Wasserstrahls auf die jeweils relativ großen Zuschlagdurchmesser 16 mm und 32 mm bemerkbar macht. Bei einem Größtkorn von 8 mm kann der Wasserstrahl hingegen eher in die Zementsteinmatrix abgelenkt werden und so unterschiedliche Ergebnisse hervorrufen. Mit steigendem Größtkorndurchmesser nimmt der relative Einfluß auf die Abtragsergebnisse ab.

Das Betonalter wird als zusätzlicher Materialparameter in die Untersuchungen einbezogen. Es ist kein Einfluß auf die Abtragsergebnisse erkennbar. Das Betonalter beeinflußt eine Vielzahl von Materialparametern. Die mit dem Alter eintretenden Veränderungen sind jedoch, wie die Versuche zeigen, für den Wasserstrahlabtrag nicht von Bedeutung. Da die Materialparameter in ihrer Gesamtheit nur zu einem kleinen Teil die Varianz der Abtragsergebnisse erklären, fällt die relativ geringfügige Veränderung dieser Parameter mit zunehmendem Alter nicht weiter ins Gewicht. Die speziellen, mit zunehmendem Betonalter eintretenden Materialveränderungen Karbonatisierung oder Chloridkorrosion werden in den Abschnitten 5.4.4.8 und 5.4.4.9 gesondert untersucht. Ihr Einfluß auf die Abtragsergebnisse wird nicht unter dem Materialparameter Betonalter erfaßt.

Als ein wesentlich den Abtrag beeinflussender Materialparameter erweist sich die Bewehrung. Bei Wasserstrahlarbeiten im Bewehrungsbereich kommt es zu erheblichen Steigerungen von Kerbtiefe und Abtragsrate gegenüber dem Wasserstrahlabtrag unbewehrten Betons. Die Begründung liegt in den von der Bewehrung in den Beton eingebrachten Gefügestörungen. Diese nutzt der Wasserstrahl zum Abtrag aus. Die Konsequenz für den praktischen Einsatz ist das verstärkte Auftreten von Unebenheiten im gestrahlten Untergrund. Wird Bewehrung freigelegt, so müssen die Ebenheitsanforderungen reduziert werden. Die Bewehrung wirkt sich aus wie eine Schwankung von Materialparametern in der Bearbeitungsfläche.

Mehrere, in der Praxis häufig anzutreffende umweltbedingte Materialveränderungen des Betons werden ebenfalls in die Untersuchungen einbezogen. Im einzelnen werden die Auswirkungen von Karbonatisierung, Chloridkorrosion der Bewehrung und minderfesten Oberflächenschichten, bedingt durch mangelhafte Betonnachbehandlung, in ihren Auswirkungen auf die Abtragsergebnisse untersucht. Dabei stellt sich heraus, daß diese, wie erwartet, signifikante Auswirkungen auf die Ergebnisse haben. Die absoluten Ergebnisvarianzen liegen jedoch im Bereich der Toleranzgrenze für den Wasserstrahlabtrag, so daß keine generellen praxisrelevanten Schlußfolgerungen zu ziehen sind. Von Bedeutung können derartige Materialveränderungen dann sein, wenn sie nur partiell auf einer zu bearbeitenden Fläche auftreten und nur geringe Abtragstiefen vorgesehen sind. Hier gelten dieselben Aussagen wie bei der Schwankung von Materialparametern in der Bearbeitungsfläche.

Regressionsanalysen von Prozeßparametern und Abtragsergebnissen zeigen zwar funktionale Zusammenhänge auf. Diese sind jedoch nicht prägnant genug, um bei bestimmten Einstellungen von Systemparametern und bei Kenntnis der Materialparameter ausreichend exakte Voraussagen über die zu erwartenden Abtragsergebnisse zu treffen. Die Streuung der Ergebnisse ist dafür zu groß.

Zur fachgerechten Einsatzplanung von HDWS-Maßnahmen sind ausreichende Angaben zum Strahlgut erforderlich. Der Einfluß, den die Materialparameter auf das Abtragsergebnis haben wird in den Einzeluntersuchungen dieser Parameter in Kapitel 5 und in den Bemerkungen zur baupraktischen Umsetzung in Kapitel 6 deutlich.

Eine auf jeder Baustelle leicht anwendbare Methode zur Ermittlung der Betondruckfestigkeit ist die Untersuchung der Flächen mit dem Rückprallhammer. Dabei wird

Zusammenfassung

neben Angaben zur absoluten Festigkeit die für den Einsatzplaner wichtige Information bereitgestellt, in welchem Maße mit Schwankungen in der Betondruckfestigkeit zu rechnen ist. In Abschnitt 5.4.4.1 werden direkte Zusammenhänge zwischen den erreichten mittleren Kerbtiefen und den Rückprallwerten aufgezeigt.

Die Materialparameter Zuschlagart und -korngröße lassen sich an Bruchstellen in der Regel einfach bestimmen. Wie ausführlich beschrieben, haben diese Materialparameter einen gewissen Einfluß auf das Abtragsergebnis. Falls noch Unterlagen aus der Bauphase vorliegen, helfen auch Informationen zur Sieblinie bei der Einsatzplanung der Geräte. Eine Ermittlung dieses Materialparameters anhand von Probenahmen ist aber angesichts der hohen Kosten für die labormäßige Bestimmung nicht notwendig.

Die Untersuchungen zur Untergrundqualität zeigen, daß mit HDWS-Verfahren ein hochwertiger, den Anforderungen der Richtlinien entsprechender Traggrund für Betoninstandsetzungssysteme erzeugt wird. Die Ergebnisse von Rißuntersuchungen zeigen, daß nach dem hydrodynamischen Abtrag vereinzelt Risse im Untergrund verbleiben. Diese Risse führen jedoch, wie zusätzliche Oberflächenzugprüfungen zeigen, offensichtlich nicht zu einer Traggrundschädigung im Sinne der einschlägigen Richtlinien /7/ /8/. Zur Erlangung gesicherter Erkenntnisse wären weitere Versuche, wie in den Abschnitten 5.2.4 und 5.2.5 beschrieben, notwendig, jedoch mit einem erheblich größeren Probenumfang. Weiterhin sollten systematische Vergleichsuntersuchungen mit anderen Betonuntergrund-Vorbereitungsverfahren durchgeführt werden. Neben der qualitativen Beurteilung des Ergebnisses sollten dabei auch Leistungsvergleiche durchgeführt werden.

Bei der Beobachtung von Baustelleneinsätzen wurde deutlich, daß viel Erfahrung und detaillierte Fachkenntnis über die Wirkmechanismen und Abtragswirkungen beim Einsatz von HDWS-Systemen erforderlich sind, um qualitativ hochwertige Ergebnisse zu erzielen. Bei den Anwendern von HDWS-Systemen handelt es sich überwiegend um Spezialfirmen, die diese Kenntnisse aufweisen.

Die Nutzung unbestreitbarer Vorteile der Technik wie Erschütterungsfreiheit, das Fehlen von Körperschallübertragung im bearbeiteten Objekt, Schonung der Bewehrung, hohe Leistungsfähigkeit bei sachgerechter Anwendung und weitere erfordern die Inkaufnahme systembedingter Nachteile, wie sie beschrieben wurden. Diese lassen sich auch durch weitere Systemoptimierungen nicht gänzlich ausschließen, da sie auf den Wirkprinzipien des Verfahrens beruhen. Einige dieser Nachteile haben Vorteile in anderen Bereichen zu Folge. Der Nachteil des unebenen Untergrundes z.B. wird durch den Vorteil der relativ gleichmäßig festen Oberfläche als Folge des sogenannten "selektiven Abtrags" ausgeglichen. Für die Dauerhaftigkeit einer Instandsetzungsmaßnahme ist dies ein wesentlicher Vorteil, auch wenn wegen des Mehrabtrags mehr Instandsetzungsmörtel eingesetzt werden muß.

Literaturliste

/1/ **Wesche, K.**: Baustoffe für tragende Bauteile, Band 2: Beton, Bauverlag GmbH, Wiesbaden und Berlin, 1989.

/2/ **Badzong, H. J.; Berchtold, W.; Hächler, A.; Vifian, M.**: Hydrodynamischer Betonabtrag, Sachstandsbericht, Bautenschutz + Bausanierung, 16, S. 79-80, 1993.

/3/ **Momber, A.**: Untersuchungen zum Verhalten von Beton unter der Belastung durch Druckwasserstrahlen, Fortschrittsberichte VDI, Nr. 109, VDI-Verlag GmbH, Düsseldorf, 1992.

/4/ **Wittmann, F.H.**: Mechanisms and mechanics of fracture of concrete. Proc. 5th Int. Congr. on Fracture, Cannes 1981, Vol.4, S. 1467-1487.

/5/ **Werner, M.**: Einflußparameter und Wirkmechanismen beim Abtrag von Mörtel und Beton mit dem Hochdruckwasserstrahl, Dissertation am Institut für Baumaschinen und Baubetrieb der RWTH Aachen, 1991.

/6/ **Momber, A.**: Handbuch Druckwasserstrahl Technik, Beton-Verlag, Düsseldorf, 1993.

/7/ Richtlinie für Schutz und Instandsetzung von Betonbauteilen (Rili 90), Deutscher Ausschuß für Stahlbeton, Beuth Verlag GmbH, Berlin und Köln, 1990.

/8/ Zusätzliche Technische Vertragsbedingungen und Richtlinien für Schutz und Instandsetzung von Betonbauteilen (ZTV-SIB 90), Bund/Länder-Fachausschuß Brücken und Ingenieurbau, Verkehrsblatt-Dokument Nr. B 5230, Verkehrsblatt-Verlag, 1990.

/9/ **Schweizerischer Fachverband für Hydrodynamik am Bau**: Traggrund-Bearbeitung mittels Höchstdruck-Wasserstrahl, Baar, 16. März 1994, Bericht Nr. 92.152.17, 1994.

/10/ **Silfwerbrand, J.**: Improving Concrete Bond in Repaired Bridge Decks, Concrete International, S. 61-66, September 1990.

LITERATUR

/11/ Persönliche Mitteilung der Firma Barry Bros Specialised Services Pty Ltd, Mulgrave, Australien.

/12/ **N.N.**: Wasserstrahlroboter gegen morschen Fahrbahnbeton, BD Baumaschinendienst, Heft 6, S. 398, Juni 1985.

/13/ **N.N**: Mit Wasser gegen Beton, BD Baumaschinendienst, Heft 2, S. 74-75, Februar 1986.

/14/ Firmeninformationen WOMA Apparatebau GmbH, Hochdrucktechnik, Duisburg.

/15/ Firmeninformationen Weigel GmbH, Hochdrucktechnik, Mellrichstadt.

/16/ **Louis, H.; Momber, A.**: Zum Einfluß von Strahl- und Prozeßparametern bei der Bearbeitung von Beton mit Druckwasserstrahlen, Bauingenieur, 11/93, Heft 11, 68, S. 483-488, November 1993.

/17/ **N.N.**: Brückensanierung mit Hochdruckwasser, S. 131, Baumarkt 7/87.

/18/ **N.N**: Betonabtrag mit dem Hochdruckwasserstrahl - Wasser als Werkzeug, Schweizer Bauwirtschaft, S. 8 - 9, April 1988.

/19/ **Momber, A.; Louis, H.**: On the behaviour of concrete under water jet impingement, Materials and Structures, 27, S. 153-156, 1994.

/20/ **Momber, A.**: Environmental Applications of High Pressure Water Jet Technique - Preliminary Results, Journal of Jet Flow Engineering, Vol. 12, No. 2, S. 46-53, 1995.

/21/ **Yanaida, K.; Ohashi, A.**: Flow characteristics of water jets in air, Proceedings of the 5th International Symposium on Jet Cutting Technology, Hannover, 02.-04.06.1980, BHRA The Fluid Engineering Centre, Paper A 3, S. 33-44.

/22/ DIN 1048: Prüfverfahren für Beton, Beuth Verlag GmbH, Berlin.

LITERATUR

/23/ **Fahle, R.**: Optimierung der Hochdruck-Wasserfeinstrahl-Verfahrenstechnik zum Fugenausräumen in bezug auf die Wasserstrahlführung, Diplomarbeit am Lehrstuhl und Institut für Baumaschinen und Baubetrieb der RWTH Aachen, 1994.

/24/ **Eßler, G., Knöfel, D.**: Einflüsse von Sulfat- und Taumittellösungen auf unterschiedlich stark karbonatisierte Mörtel, Bautenschutz + Bausanierung, 16, 1993, S. 96-100.

/25/ **Schöppel, K.; Dorner, H.; Letsch, R.**: Nachweis freier Chloridionen auf Betonoberflächen mit dem UV-Verfahren, Betonwerk + Fertigteil-Technik, Heft 11, 1988.

/26/ Firmeninformationen Hammelmann, Hochdrucktechnik, Oelde.

/27/ Gebrauchsanweisung Beton-Prüfhammer,Proceq SA, Schweiz.

/28/ DIN 4762: Oberflächenrauheit, Beuth Verlag GmbH, Berlin.

/29/ **Badzong, H. J.**: Qualitätsüberwachung für den Betonabtrag mittels Hochdruckwasserstrahl, Seminarunterlagen zum Lehrgang Nr.: 16620/83.191, Technische Akademie Esslingen, 12.03.1993.

/30/ **Werner, M.**: Hochdruckwasserstrahlen in der Baupraxis, BMI, 1, S. 65-72, 1994.

/31/ **Röller, K.**: Entwicklung eines Informationssystems zur Auswertung von Versuchsreihen am Beispiel der Versuche zur Optimierung der Hochdruckwasserstrahltechnik beim Einsatz für die Betoninstandsetzung, Diplomarbeit am Lehrstuhl und Institut für Baumaschinen und Baubetrieb der RWTH Aachen, 1995.

/32/ **Rehm, G.; Diem, P.; Zimbelmann, R.**: Technische Möglichkeiten zur Erhöhung der Zugfestigkeit von Beton, Heft 283 des DAfStb, Berlin, Verlag Wilhelm Ernst & Sohn, 1977.

/33/ **Kauw, V.**: Praktische Einsatzgeräte, Seminarunterlagen zum Lehrgang Nr.: 16620/83.191, Technische Akademie Esslingen, 12.03.1993.

/34/ **Zimmermann, S.**: Untersuchungen zum Einsatz der Hochdruckwasserstrahltechnik bei der Betoninstandsetzung - Aufbau, Durchführung und Auswertung von Versuchen, Diplomarbeit am Lehrstuhl und Institut für Baumaschinen und Baubetrieb der RWTH Aachen, 1992.

/35/ Hersteller des Auffütterungsmörtels für Oberflächenzugversuche: Concrete Chemie Vertriebs GmbH, Eisenstraße 38, 65428 Rüsselsheim.

Anlagen

Durchflußmengenmessungen:

Düse aus gehärtetem Stahl, stetiger Einlaufkonus

	Düse d [mm]	Ausflußzahl α [-]	Druck p [MPa]	Wassermenge [dm³]	Zeit [s]	Durchfluß Q [dm³/min]
	1,2	0,99	110	10	19,0	31,6
	1,2	0,91	110	10	20,8	28,8
	1,2	0,95	110	10	19,8	30,3
	1,2	0,95	110	10	19,8	30,3
	1,2	0,94	110	10	20,0	30,0
Summe	1,2	0,95	110	10	19,7	30,2

	Düse d [mm]	Ausflußzahl α [-]	Druck p [MPa]	Wassermenge [dm³]	Zeit [s]	Durchfluß Q [dm³/min]
	1,5	0,94	110	10	12,2	49,2
	1,5	0,98	110	10	12,5	48,0
	1,5	0,98	110	10	12,5	48,0
	1,5	0,92	110	10	13,1	45,8
	1,5	0,99	110	10	12,2	49,2
Summe	1,5	0,97	110	10	12,5	48,0

Anlage 1   Seite A 2

Durchflußmengenmessungen:

Düsen mit Düsenstein aus Saphir, Blendeneinlauf

	Düse d [mm]	Ausflußzahl α [-]	Druck p [MPa]	Wassermenge [dm³]	Zeit [s]	Durchfluß Q [dm³/min]
	0,5	0,66	198	2,47	30	4,9
	0,5	0,69	198	2,57	30	5,1
	0,5	0,68	198	2,52	30	5,0
	0,5	0,68	198	2,51	30	5,0
	0,5	0,68	198	2,51	30	5,0
	0,5	0,68	198	2,50	30	5,0
Summe	0,5	0,68	198	2,51	30	5,0

	Düse d [mm]	Ausflußzahl α [-]	Druck p [MPa]	Wassermenge [dm³]	Zeit [s]	Durchfluß Q [dm³/min]
	0,7	0,68	200	4,93	30	9,9
	0,7	0,69	198	5,00	30	10,0
	0,7	0,69	199	5,02	30	10,0
	0,7	0,69	199	5,07	30	10,1
	0,7	0,69	198	5,01	30	10,0
	0,7	0,70	198	5,04	30	10,1
Summe	0,7	0,69	199	5,01	30	10,0

	Düse d [mm]	Ausflußzahl α [-]	Druck p [MPa]	Wassermenge [dm³]	Zeit [s]	Durchfluß Q [dm³/min]
	0,8	0,65	196	6,15	30	12,3
	0,8	0,65	196	6,14	30	12,3
	0,8	0,66	196	6,20	30	12,4
	0,8	0,66	197	6,26	30	12,5
	0,8	0,66	197	6,18	30	12,4
	0,8	0,66	196	6,18	30	12,4
Summe	0,8	0,66	196	6,19	30	12,4

Strahlleistung:

Düsen aus gehärtetem Stahl, stetiger Einlaufkonus

Wasserdruck p [MPa]	Düsendurchmesser d [mm]	Ausflußzahl α *) [-]	Durchflußmenge Q [dm³/min]	Strahlleistung P [kW]
90	1,0	0,89	17,8	26,7
100	1,0	0,89	18,7	31,2
110	1,0	0,89	19,6	35,9
90	1,2	0,95 / 0,89	27,3 / 25,6	41,0 / 38,4
100	1,2	0,95 / 0,89	28,8 / 27,0	48,0 / 45,0
105	1,2	0,95 / 0,89	29,5 / 27,6	51,6 / 48,3
110	1,2	0,95 / 0,89	30,2 / 28,3	55,4 / 51,9
90	1,3	0,89	30,0	45,0
100	1,3	0,89	31,6	52,7
110	1,3	0,89	33,2	60,9
90	1,5	0,97 / 0,89	43,5 / 40,0	65,3 / 60,0
100	1,5	0,97 / 0,89	45,9 / 42,1	76,5 / 70,2
105	1,5	0,97 / 0,89	47,0 / 43,2	82,3 / 75,6
110	1,5	0,97 / 0,89	48,1 / 44,2	88,2 / 81,0
90	1,7	0,89	51,3	77,0
100	1,7	0,89	54,1	90,2
110	1,7	0,89	56,7	104,0
90	2,0	0,89	71,0	106,5
100	2,0	0,89	74,9	124,8
110	2,0	0,89	78,5	143,9
90	2,3	0,89	93,9	140,9
100	2,3	0,89	99,0	165,0
110	2,3	0,89	103,9	190,5
90	2,5	0,89	111,0	166,5
100	2,5	0,89	117,0	195,0
110	2,5	0,89	122,7	225,0
90	2,7	0,89	129,5	194,3
100	2,7	0,89	136,5	227,5
110	2,7	0,89	143,1	262,35
90	3,0	0,89	159,8	239,7
100	3,0	0,89	168,5	280,8
110	3,0	0,89	176,7	324,0

*) Die Ausflußzahlen α wurden entsprechend Literaturangaben angenommen /5/ /14/. Die Werte für die Düsendurchmesser 1,2 und 1,5 mm werden ergänzt durch die gemessenen Fördervolumen.

Strahlleistung:

Düsen mit Düsenstein aus Saphir, Blendeneinlauf

Wasserdruck p [MPa]	Düsendurchmesser d [mm]	Ausflußzahl α *) [-]	Durchflußmenge Q [dm³/min]	Strahlleistung P [kW]
150	0,5	0,67 / 0,68	4,3 / 4,4	10,8 / 11,0
170	0,5	0,67 / 0,68	4,6 / 4,7	13,0 / 13,3
200	0,5	0,67 / 0,68	5,0 / 5,1	16,7 / 17,0
150	0,7	0,67 / 0,69	8,5 / 8,7	21,3 / 21,8
170	0,7	0,67 / 0,69	9,0 / 9,3	25,5 / 26,4
200	0,7	0,67 / 0,69	9,8 / 10,1	32,7 / 33,7
100	0,8	0,67 / 0,66	9,0 / 8,9	15,0 / 14,8
150	0,8	0,67 / 0,66	11,0 / 10,9	27,5 / 27,3
170	0,8	0,67 / 0,66	11,8 / 11,6	33,4 / 32,9
195	0,8	0,67 / 0,66	12,6 / 12,4	41,0 / 40,3
90	1,0	0,67	13,4	20,1
100	1,0	0,67	14,1	23,5
110	1,0	0,67	14,8	27,1
90	1,2	0,67	19,3	29,0
100	1,2	0,67	20,3	33,8
110	1,2	0,67	21,3	39,1
90	1,5	0,67	30,1	45,2
100	1,5	0,67	31,7	52,8
110	1,5	0,67	33,3	61,1

*) Die Ausflußzahlen α wurden entsprechend Literaturangaben angenommen /5/ /14/. Die Werte für die Düsendurchmesser 0,5 und 0,7 und 0,8 mm werden ergänzt durch die gemessenen Fördervolumen.

Bestimmung der Bezugsgeraden W

Würfel Nr.	Beton-Klasse	Größtkorn [mm]	Rückprallwert [SKT]	β_{W200} [N/mm^2]
5.1	B 45	32	47	47
9.1	B 10	16	34	20
9.2	B 10	16	32	18
9.3	B 10	16	33	17
9.4	B 10	16	34	23
9.5	B 10	16	34	24
9.6	B 10	16	33	19
13.1	B 35	32	43	47
15.1	B 25	16	43	47
15.2	B 25	16	41	36
17.2	B 25	16	43	39
19.2	B 35	16	48	60
19.3	B 35	16	48	64
21.1	B 35	32	43	53
21.2	B 35	32	46	46
21.4	B 35	32	45	56
23.1	B 45	32	45	52
23.2	B 45	32	43	59
24.1	B 25	16	38	36
27.1	B 35	16	44	57
33.2	B 25	16	44	37
35.3	B 35	16	45	58
37.1	B 45	32	44	54
37.3	B 45	32	43	43
39.1	B 45	16	45	46
39.2	B 45	16	49	53
42	B 45	16	45	42
43.1	B 55	16	47	39
43.4	B 55	16	47	57
47.1	B 55	16	46	52
47.2	B 55	16	48	58
51.1	B 45	16	44	50
53.3	B 55	32	45	40
53.4	B 55	32	39	42
53.5	B 55	32	44	49
57.1	B 35	16	43	38
57.2	B 35	16	42	38
57.3	B 35	16	44	49
Mittel			42,66	43,82

38 Meßstellen

$\beta_{W200,max} = 64$ N/mm^2
$\beta_{W200,min} = 17$ N/mm^2

Forderung nach /30/: $\beta_{W200,max} - \beta_{W200,min} = 47 \leq 30$ nicht erfüllt

calβ_{W200} = 2,3735 · R_m - 57,433

Korrelationskoeffizient: r = 0,87

Forderung nach /30/: r > 0,8 erfüllt

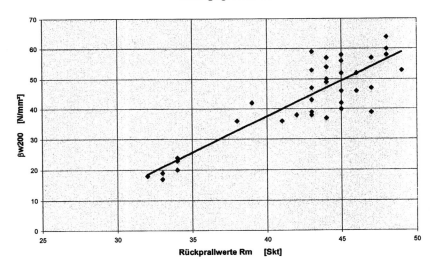

Bezugsgerade W

Anlage 2 Seite A 7

Bezugsgerade W: $cal\beta_{W200} = 2{,}3735 \cdot R_m - 57{,}433$

Seite I: ungeschalte Probekörperoberseite

Seite II: geschalte Probekörperunterseite

Platte Nr.	Größtkorn [mm]	Rückprallwert [SKT]	$cal\beta_{W200}$ [N/mm²]
1 I	16	51	64
1 II	16	53	68
2 I	16	52	66
2 II	16	55	73
3 I	32	40	38
3 II	32	44	47
4 I	32	41	40
4 II	32	47	54
5 I	32	43	45
5 II	32	47	54
6 I	32	44	47
6 II	32	46	52
7 I	16	41	40
7 II	16	47	54
8 I	16	43	45
8 II	16	45	49
9 I	16	28	9
9 II	16	34	23
10 I	16	26	4
10 II	16	33	21
11 I	16	39	35
11 II	16	47	54
12 I	16	42	42
12 II	16	46	52
13 I	32	37	30
13 II	32	44	47
14 I	32	36	28
14 II	32	43	45
15 I	16	38	33
15 II	16	47	54
16 I	16	38	33
16 II	16	45	49
17 I	16	39	35
17 II	16	44	47
18 I	16	38	33
18 II	16	44	47
19 I	16	39	35
19 II	16	45	49
20 I	16	45	49
20 II	16	48	56
21 I	32	39	35
21 II	32	44	47

Anlage 2 Seite A 8

Platte Nr.	Größtkorn [mm]	Rückprallwert [SKT]	calβ_{W200} [N/mm^2]
22 I	32	35	26
22 II	32	43	45
23 a I	32	40	38
23 a II	32	46	52
23 b I	32	44	47
23 b II	32	45	49
24 a I	16	41	40
24 a II	16	43	45
24 b I	16	37	30
24 b II	16	42	42
25 I	16	34	23
25 II	16	48	56
26 I			
26 II			
27 I	16	36	28
27 II	16	46	52
28 a I	16	42	42
28 a II	16	44	47
28 b I	16	37	30
28 b II	16	42	42
29 I	16	40	38
29 II	16	48	56
30 I	16		
30 II	16		
31 I	16	35	26
31 II	16	47	54
32 I	16	42	42
32 II	16	52	66
33 I	16	37	30
33 II	16	45	49
34 I	16	34	23
34 II	16	45	49
35 I	16	27	7
35 II	16	44	47
36 a I	16	29	11
36 a II	16	42	42
36 b I	16	33	21
36 b II	16	44	47
37 I	32	39	35
37 II	32	44	47
38 I	32	40	38
38 II	32	46	52
39 a I	16	43	45
39 a II	16	45	49
39 b I	16	42	42
39 b II	16	48	56
40 I	16	42	42
40 II	16	47	54
41 I	16	45	49
41 II	16	47	54

Anlage 2   Seite A 9

Platte Nr.	Größtkorn [mm]	Rückprallwert [SKT]	$cal\beta_{W200}$ [N/mm²]
42 I	16	43	45
42 II	16	48	56
43 I	16	45	49
43 II	16	47	54
44 I	16	46	52
44 II	16	54	71
45 I	16	46	52
45 II	16	47	54
46 I	16	43	45
46 II	16	48	56
47 I	16	43	45
47 II	16	46	52
48 I	16	44	47
48 II	16	46	52
49 I	16	42	42
49 II	16	47	54
50 a I	16	42	42
50 a II	16	44	47
50 b I	16	43	45
50 b II	16	45	49
51 I	16	41	40
51 II	16	51	64
52 I	16	41	40
52 II	16	44	47
53 I	32	42	42
53 II	32	46	52
54 I	32	41	40
54 II	32	46	52
55 I	32	40	38
55 II	32	44	47
56 I	32	40	38
56 II	32	45	49
57 I	16	37	30
57 II	16	42	42
58 I	16	36	28
58 II	16	42	42

Baustellen			
Baustelle Nr.	Größtkorn [mm]	Rückprallwert [SKT]	$cal\beta_{W200}$ *) [N/mm²]
101	32	30	24
102	32	38	37
103	32	32	27
104	32	42	44
105	32	36	34

*) Ablesung Eichtabelle /27/

Anlage 3　　　Seite A 10

Materialparameter

Probe Nr.	Beton Klasse	Sieblinie	Zuschlagart	Größtkorn [mm]	Zementart	Zementgehalt [kg/m³]	W/Z-Wert [-]	Zusatzmittel [%]	Flugaschengehalt [kg/m³]	Bewehrung	aktuelle Festigkeit cal β_{WZ00} [N/mm²]	Rückprallhammer Wert [Skt]	Spezialbehandlung	Herstelldatum	Alter bei Versuch [d]
1 I	B 90	AB	Kies	16	PZ 45 F	430	0,29	1,4	90	A	64	51	-	28.01.94	605
1 II	B 90	AB	Kies	16	PZ 45 F	430	0,29	1,4	90	B	68	53	-	28.01.94	605
2 I	B 90	AB	Kies	16	PZ 45 F	430	0,29	1,4	90	C	66	52	-	28.01.94	648
2 II	B 90	AB	Kies	16	PZ 45 F	430	0,29	1,4	90	U	73	55	-	28.01.94	606
3 I	B 25	AB	Kies	32	PZ 35 F	280	0,56	0,3	60	A	38	40	-	07.03.94	470
3 II	B 25	AB	Kies	32	PZ 35 F	280	0,56	0,3	60	B	47	44	-	07.03.94	500
4 I	B 25	AB	Kies	32	PZ 35 F	280	0,56	0,3	60	C	40	41	-	07.03.94	-
4 II	B 25	AB	Kies	32	PZ 35 F	280	0,56	0,3	60	U	54	47	-	07.03.94	364
5 I	B 45	AB	Kies	32	PZ 45 F	370	0,46	0,3	-	A	45	43	-	09.03.94	468
5 II	B 45	AB	Kies	32	PZ 45 F	370	0,46	0,3	-	B	54	47	-	09.03.94	497
6 I	B 45	AB	Kies	32	PZ 45 F	370	0,46	0,3	-	C	47	44	-	09.03.94	469
6 II	B 45	AB	Kies	32	PZ 45 F	370	0,46	0,3	-	U	52	46	-	09.03.94	362
7 I	B 45	AB	Kies	16	PZ 45 F	390	0,45	0,3	-	A	40	41	-	10.03.94	425
7 II	B 45	AB	Kies	16	PZ 45 F	390	0,45	0,3	-	B	54	47	-	10.03.94	497
8 I	B 45	AB	Kies	16	PZ 45 F	390	0,45	0,3	-	C	45	43	-	10.03.94	-
8 II	B 45	AB	Kies	16	PZ 45 F	390	0,45	0,3	-	U	49	45	-	10.03.94	368
9 I	B 10	AB	Kies	16	HOZ 35 L	200	0,88	-	50	U	9	28	-	14.03.94	-
9 II	B 10	AB	Kies	16	HOZ 35 L	200	0,88	-	50	U	23	34	-	14.03.94	557
10 I	B 10	AB	Kies	16	HOZ 35	200	0,88	-	50	U	4	26	-	14.03.94	560
10 II	B 10	AB	Kies	16	HOZ 35	200	0,88	-	50	U	21	33	-	14.03.94	-
11 I	B 35	AB	Kies	16	PZ 35 F	340	0,5	0,3	30	E	35	39	-	16.03.94	613
11 II	B 35	AB	Kies	16	PZ 35 F	340	0,5	0,3	30	F	54	47	-	16.03.94	-
12 I	B 35	AB	Kies	16	PZ 35 F	340	0,5	0,3	30	G	42	42	-	16.03.94	377
12 II	B 35	AB	Kies	16	PZ 35 F	340	0,5	0,3	30	U	52	46	-	16.03.94	-
13 I	B 35	AB	Kies	32	HOZ 35 L	290	0,5	0,3	70	A	30	37	-	21.03.94	-
13 II	B 35	AB	Kies	32	HOZ 35 L	290	0,5	0,3	70	B	47	44	-	21.03.94	478
14 I	B 35	AB	Kies	32	HOZ 35 L	290	0,5	0,3	70	C	28	36	-	21.03.94	-
14 II	B 35	AB	Kies	32	HOZ 35 L	290	0,5	0,3	70	E	45	43	-	21.03.94	-
15 I	B 26	AB	Kies	16	PZ 35 F	250	0,05	0,3	60	E	33	38	-	24.03.94	560
15 II	B 25	AB	Kies	16	PZ 35 F	250	0,65	0,3	60	F	54	47	-	24.03.94	560
16 I	B 25	AB	Kies	16	PZ 35 F	250	0,65	0,3	60	G	33	38	-	24.03.94	-
16 II	B 25	AB	Kies	16	PZ 35 F	250	0,65	0,3	60	U	45	45	-	24.03.94	369
17 I	B 25	AB	Kies	16	PZ 35 F	250	0,65	0,3	60	U	35	39	-	28.03.94	380
17 II	B 25	AB	Kies	16	PZ 35 F	250	0,65	0,3	60	U	47	44	-	28.03.94	367
18 I	B 25	AB	Kies	16	PZ 35 F	250	0,65	0,3	60	H	33	38	-	28.03.94	424
18 II	B 25	AB	Kies	16	PZ 35 F	250	0,65	0,3	60	U	47	44	-	28.03.94	424
19 I	B 35	AB	Kies	16	PZ 35 F	320	0,5	0,3	50	H	35	39	-	30.03.94	431
19 II	B 35	AB	Kies	16	PZ 35 F	320	0,5	0,3	50	U	49	45	-	30.03.94	431

Materialparameter

Probe Nr.	Beton Klasse	Sieblinie	Zuschlagart	Größtkorn [mm]	Zementart	Zementgehalt [kg/m³]	W/Z-Wert [-]	Zusatzmittel [%]	Flugaschengehalt [kg/m³]	Bewehrung	aktuelle Festigkeit calβ_{w200} [N/mm²]	Rückprallhammer Wert [Skt]	Spezialbehandlung	Herstelldatum	Alter bei Versuch [d]
20 I	B 35	AB	Kies	16	PZ 35 F	320	0,5	0,3	50	U	49	45	-	30.03.94	405
20 II	B 35	AB	Kies	16	PZ 35 F	320	0,5	0,3	50	U	56	48	-	30.03.94	405
21 I	B 35	AB	Kies	32	HOZ 35 L	340	0,48	0,3	30	U	35	39	-	07.04.94	384
21 II	B 35	AB	Kies	32	HOZ 35 L	340	0,48	0,3	30	U	47	44	-	07.04.94	494
22 I	B 35	AB	Kies	32	HOZ 35 L	340	0,48	0,3	30	H	26	35	-	07.04.94	439
22 II	B 35	AB	Kies	32	HOZ 35 L	340	0,48	0,3	30	U	45	43	-	07.04.94	538
23 a I	B 45	AB	Kies	32	PZ 45 F	370	0,46	0,3	-	U	38	40	-	11.04.94	490
23 a II	B 45	AB	Kies	32	PZ 45 F	370	0,46	0,3	-	U	52	46	-	11.04.94	490
23 b I	B 45	AB	Kies	32	PZ 45 F	370	0,46	0,3	-	U	47	44	-	11.04.94	490
23 b II	B 45	AB	Kies	32	PZ 45 F	370	0,46	0,3	-	U	49	45	-	11.04.94	577
24 a I	B 25	AB	Kies	16	PZ 35 F	250	0,65	0,3	60	U	40	41	20/65	14.04.94	487
24 a II	B 25	AB	Kies	16	PZ 35 F	250	0,65	0,3	60	U	45	43	20/65	14.04.94	487
24 b I	B 25	AB	Kies	16	PZ 35 F	250	0,65	0,3	60	U	30	37	20/65	14.04.94	221
24 b II	B 25	AB	Kies	16	PZ 35 F	250	0,65	0,3	60	U	42	42	20/65	14.04.94	
25 I	B 25	AB	Kies	16	PZ 35 F	250	0,65	0,3	60	U	23	34	Karbonat.	14.04.94	571
25 II	B 25	AB	Kies	16	PZ 35 F	250	0,65	0,3	60	U	56	48	Karbonat.	14.04.94	530
26 I	-	-	-	-	-	-	-	-	-	-	-	-	-	-	-
26 II	-	-	-	-	-	-	-	-	-	-	-	-	-	-	-
27 I	B 35	AB	Kies	16	HOZ 45 L	340	0,5	0,3	30	E	28	36	Chlorid	26.04.94	521
27 II	B 35	AB	Kies	16	HOZ 45 L	340	0,5	0,3	30	F	52	46	Chlorid	26.04.94	521
28 a I	B 35	AB	Kies	16	HOZ 45 L	340	0,5	0,3	30	U	42	42	20/65	26.04.94	475
28 a II	B 35	AB	Kies	16	HOZ 45 L	340	0,5	0,3	30	U	47	44	20/65	26.04.94	475
28 b I	B 35	AB	Kies	16	HOZ 45 L	340	0,5	0,3	30	U	30	37	20/65	26.04.94	209
28 b II	B 35	AB	Kies	16	HOZ 45 L	340	0,5	0,3	30	U	42	42	20/65	26.04.94	
29 I	B 35	AB	Kies	16	HOZ 45 L	340	0,5	0,3	30	E	38	40	Chlorid	05.05.94	549
29 II	B 35	AB	Kies	16	HOZ 45 L	340	0,5	0,3	30	F	56	48	Chlorid	05.05.94	549
30 I	B 35	AB	Kies	16	HOZ 45 L	340	0,5	0,3	30	U	-	-	-	05.05.94	-
30 II	B 35	AB	Kies	16	PZ 35 F	340	0,5	0,3	30	U	26	35	Hitze	10.05.94	544
31 I	B 35	AB	Kies	16	PZ 35 F	340	0,5	0,3	30	U	54	47	-	10.05.94	548
31 II	B 35	AB	Kies	16	PZ 35 F	340	0,5	0,3	30	U	39 *)/42	42	Karbonat.	10.05.94	546
32 I	B 35	AB	Kies	16	PZ 35 F	340	0,5	0,3	30	U	39 *)/66	52	Karbonat.	10.05.94	507
32 II	B 25	AB	Kies	16	PZ 35 F	250	0,65	0,3	60	E	30	37	Chlorid	11.05.94	539
33 I	B 25	AB	Kies	16	PZ 35 F	250	0,65	0,3	60	F	49	45	Chlorid	11.05.94	539
33 II	B 25	AB	Kies	16	PZ 35 F	250	0,65	0,3	60	U	23	34	Hitze	11.05.94	506
34 I	B 35	AB	Kies	16	HOZ 35 L	360	0,47	0,3	30	U	49	45	HOZ/Hitze.	25.05.94	504
34 II	B 35	AB	Kies	16	HOZ 35 L	360	0,47	0,3	30	U	7	27	HOZ/Hitze.	25.05.94	532
35 I	B 35	AB	Kies	16	HOZ 35 L	360	0,47	0,3	30	U	47	44	HOZ	25.05.94	-

Anlage 3   Seite A 12

Materialparameter

Probe Nr.	Beton Klasse	Sieblinie	Zuschlagart	Größtkorn [mm]	Zementart	Zementgehalt [kg/m³]	W/Z-Wert [-]	Zusatzmittel [%]	Flugaschengehalt [kg/m³]	Bewehrung	aktuelle Festigkeit cal β_{WZ00} [N/mm²]	Rückprallhammer Wert [Skt]	Spezialbehandlung	Herstelldatum	Alter bei Versuch [d]
36 a I	B 35	AB	Kies	16	HOZ 35 L	360	0,47	0,3	30	U	11	29	HOZ20/65	25.05.94	-
36 a II	B 35	AB	Kies	16	HOZ 35 L	360	0,47	0,3	30	U	42	42	HOZ20/65	25.05.94	-
36 b I	B 35	AB	Kies	16	HOZ 35 L	360	0,47	0,3	-	U	21	33	HOZ20/65	25.05.94	446
36 b II	B 35	AB	Kies	16	HOZ 35 L	360	0,47	0,3	-	U	47	44	HOZ20/65	25.05.94	446
37 I	B 45	AB	Kies	32	PZ 45 F	370	0,46	0,3	-	H	35	39	-	03.06.94	382
37 II	B 45	AB	Kies	32	PZ 45 F	370	0,46	0,3	-	U	47	44	-	03.06.94	411
38 I	B 45	AB	Kies	32	PZ 45 F	370	0,46	0,3	-	U	38	40	-	03.06.94	-
38 II	B 45	AB	Kies	16	PZ 45 F	390	0,45	0,3	-	U	52	46	-	03.06.94	483
39 a I	B 45	AB	Kies	16	PZ 45 F	390	0,45	0,3	-	U	45	43	20/65	13.06.94	161
39 a II	B 45	AB	Kies	16	PZ 45 F	390	0,45	0,3	-	U	49	45	20/65	13.06.94	-
39 b I	B 45	AB	Kies	16	PZ 45 F	390	0,45	0,3	-	U	42	42	20/65	13.06.94	427
39 b II	B 45	AB	Kies	16	PZ 45 F	390	0,45	0,3	-	U	56	48	20/65	13.06.94	427
40 I	B 45	AB	Kies	16	PZ 45 F	390	0,45	0,3	-	H	42	42	-	13.06.94	422
40 II	B 45	AB	Kies	16	PZ 45 F	390	0,45	0,3	-	U	54	47	-	13.06.94	511
41 I	B 45	AB	Kies	16	PZ 45 F	390	0,45	0,3	-	U	49	45	-	13.06.94	388
41 II	B 45	AB	Kies	16	PZ 45 F	390	0,45	0,3	-	U	54	47	-	13.06.94	388
42 I	B 45	AB	Kies	16	PZ 45 F	390	0,45	0,3	-	E	45	43	Chlorid	13.06.94	507
42 II	B 45	AB	Kies	16	PZ 45 F	390	0,45	0,3	-	F	56	48	Chlorid	13.06.94	507
43 I	B 55	AB	Kies	16	PZ 55 F	420	0,43	-	-	U	49	45	-	28.06.94	412
43 II	B 55	AB	Kies	16	PZ 55 F	420	0,43	-	-	U	54	47	-	28.06.94	412
44 I	B 55	AB	Kies	16	PZ 55 F	420	0,43	-	-	U	52	46	Karbonat.	28.06.94	497
44 II	B 55	AB	Kies	16	PZ 55 F	420	0,43	-	-	U	71	54	Karbonat.	28.06.94	455
45 I	B 55	AB	Kies	16	PZ 55 F	420	0,43	-	-	H	52	46	-	28.06.94	374
45 II	B 55	AB	Kies	16	PZ 55 F	420	0,43	-	-	U	54	47	-	28.06.94	378
46 I	B 55	AB	Kies	16	PZ 55 F	420	0,43	-	-	E	45	43	Chlorid	28.06.94	476
46 II	B 55	AB	Kies	16	PZ 55 F	420	0,43	-	-	F	56	48	Chlorid	28.06.94	476
47 I	B 55	AB	Kies	16	PZ 55 F	420	0,43	-	-	E	45	43	-	12.07.94	365
47 II	B 55	AB	Kies	16	PZ 55 F	420	0,43	-	-	F	52	46	-	12.07.94	-
48 I	B 55	AB	Kies	16	PZ 55 F	420	0,43	-	-	G	47	44	-	12.07.94	364
48 II	B 55	AB	Kies	16	PZ 55 F	420	0,43	-	-	U	52	46	-	12.07.94	443
49 I	B 55	AB	Kies	16	PZ 55 F	420	0,43	-	-	U	42	42	Hitze	12.07.94	-
49 II	B 55	AB	Kies	16	PZ 55 F	420	0,43	-	-	U	54	47	-	12.07.94	476
50 a I	B 55	AB	Kies	16	PZ 55 F	420	0,43	-	-	U	42	42	20/65	12.07.94	132
50 a II	B 55	AB	Kies	16	PZ 55 F	420	0,43	-	-	U	47	44	20/65	12.07.94	-
50 b I	B 55	AB	Kies	16	PZ 55 F	420	0,43	-	-	U	45	43	20/65	12.07.94	-
50 b II	B 55	AB	Kies	16	PZ 55 F	420	0,43	-	-	U	49	45	20/65	12.07.94	-
51 I	B 45	AB	Kies	16	PZ 55 F	370	0,49	-	-	U	40	41	Karbonat.	19.07.94	476
51 II	B 45	AB	Kies	16	PZ 55 F	370	0,49	-	-	U	64	51	Karbonat.	19.07.94	435

Materialparameter

Probe Nr.	Beton Klasse	Sieblinie	Zuschlagart	Größtkorn [mm]	Zementart	Zementgehalt [kg/m³]	W/Z-Wert [-]	Zusatzmittel [%]	Flugaschengehalt [kg/m³]	Bewehrung	aktuelle Festigkeit calβ_{WZ00} [N/mm²]	Rückprallhammer Wert [Skt]	Spezialbehandlung	Herstelldatum	Alter bei Versuch [d]
52 I	B 45	AB	Kies	16	PZ 55 F	370	0,49	-	-	U	40	41	Hitze	19.07.94	437
52 II	B 45	AB	Kies	16	PZ 55 F	370	0,49	-	-	U	47	44	-	19.07.94	478
53 I	B 55	AB	Kies	32	PZ 55 F	400	0,43	-	-	A	42	42	-	28.07.94	-
53 II	B 55	AB	Kies	32	PZ 55 F	400	0,43	-	-	B	52	46	-	28.07.94	382
54 I	B 55	AB	Kies	32	PZ 55 F	400	0,43	-	-	C	40	41	-	28.07.94	350
54 II	B 55	AB	Kies	32	PZ 55 F	400	0,43	-	-	U	52	46	-	28.07.94	350
55 I	B 55	AB	Kies	32	PZ 55 F	400	0,43	-	-	U	38	40	-	28.07.94	382
55 II	B 55	AB	Kies	32	PZ 55 F	400	0,43	-	-	U	47	44	-	28.07.94	382
56 I	B 55	AB	Kies	32	PZ 55 F	400	0,43	-	-	H	38	40	-	28.07.94	-
56 II	B 55	AB	Kies	32	PZ 55 F	400	0,43	-	-	U	49	45	-	28.07.94	468
57 I	B 35	AB	Splitt	16	PZ 35 F	350	0,5	-	-	U	30	37	-	08.09.94	426
57 II	B 35	AB	Splitt	16	PZ 35 F	350	0,5	-	-	U	42	42	-	08.09.94	384
58 I	B 35	AB	Splitt	16	PZ 35 F	350	0,5	-	-	U	28	36	-	08.09.94	393
58 II	B 35	AB	Splitt	16	PZ 35 F	350	0,5	-	-	U	42	42	-	08.09.94	424

Baustellen

101	Köln		Kies	32							24	30			7300
102	Hamburg	BC	Kies	32							37	38			7300
103	Olpe	BC	Kies	32							53 *)/27	32			7300
104	Hannover	B	Kies	32							44	42			7300
105	Frankfurt	C	Kies	32							55 *)/34	36			7300

*) Zylinderdruckfestigkeiten

Anlage 4 Seite A 14

Versuche auf Baustellen

Baustelle 101:
Ort: Köln, Rheinbrücke Rodenkirchen
Bauteil: Beton der Brückenfahrbahn, Stahlbeton
Bauteilalter: älter als 20 Jahre
Versuchszahl: 13

Baustelle 102:
Ort: Hamburg, Köhlbrandbrücke
Bauteil: Auffahrrampe der Brücke, Spannbeton
Bauteilalter: älter als 20 Jahre
Versuchszahl: 23

Baustelle 103:
Ort: Olpe, Autobahnbrücke
Bauteil: Ausbaumaterial der Brückenkappe, Stahlbeton
Bauteilalter: älter als 20 Jahre
Versuchszahl: 27, Versuchsdurchführung im Labor

Baustelle 104:
Ort: Hannover, Straßenbrücke
Bauteil: Beton der Brückenfahrbahn, Spannbeton
Bauteilalter: älter als 20 Jahre
Versuchszahl: 26

Baustelle 105:
Ort: Frankfurt, Flughafenparkhaus
Bauteil: Fahrbahnbeton der Einfahrrampe eines Parkhauses
Bauteilalter: älter als 20 Jahre
Versuchszahl: 27

Anlage 5 Seite A 15

Vergleich verschiedener Verfahren zur Kerbvolumen-Messung

Volumen-bestimmung mittels	Kerbe Nr.:								
	1	2	3	4	5	6	7	8	9
	Volumen [cm³]								
Wasser	99,8	77,1	70,3	65,1	24,2	21,4	16,8	14,3	13,6
Normsand EK I	98,6	75,5	68,7	63,8	23,4	20,7	16,2	13,6	12,9
Normsand EK II	97,7	75,1	68,2	63,5	23,0	20,4	15,7	13,5	12,7
"Mischsand"	98,8	75,4	68,8	63,7	23,3	20,5	16,1	13,6	13,0
Silikonkautschuk A	97,5	74,8	-	-	17,5	15,3	-	-	9,4
Silikonkautschuk B	-	-	67,9	63,4	-	-	15,9	13,7	-
Meßtaster	94,3	72,0	64,8	62,5	19,9	17,7	13,6	10,8	10,6

Abb. A 5.1:   Zusammenstellung der gemmessenen Volumina.

Volumen-bestimmung mittels	Kerbe Nr.:								
	1	2	3	4	5	6	7	8	9
	Volumenabweichung in bezug auf Wassermessung [%]								
Wasser	0,0	0,0	0,0	0,0	0,0	0,0	0,0	0,0	0,0
Normsand EK I	1,2	2,1	2,3	2,0	3,3	3,3	3,6	4,9	5,1
Normsand EK II	2,1	2,6	3,0	2,5	5,0	4,7	6,5	5,6	6,6
"Mischsand"	1,0	2,2	2,1	2,2	3,7	4,2	4,2	4,9	4,4
Silikonkautschuk A	2,3	3,0	-	-	27,7	28,5	-	-	30,9
Silikonkautschuk B	-	-	3,4	2,6	-	-	5,4	4,2	-
Meßtaster	5,5	6,6	7,8	4,0	17,8	17,3	19,0	24,5	22,1

Abb. A 5.2:   Zusammenstellung der Vulumenabweichungen in bezug auf die mit Wasser ermittelten Volumina.

Kerbe 1, 2, 3, 4:   Kerbbreite ≈ 20 mm

Kerbe 5, 6, 7, 8, 9:   Kerbbreite ≈ 3 mm

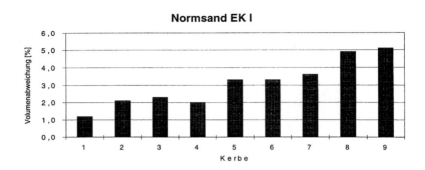
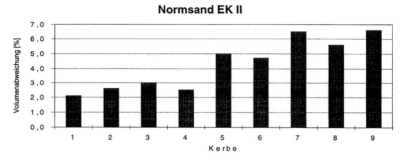
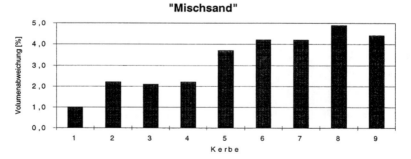

Abb. A 5.3: Kerbvolumenabweichung in bezug auf die Volumenbestimmung mit Wasser.

          Kerbe 1, 2, 3, 4:   Kerbbreite ≈ 20 mm

          Kerbe 5, 6, 7, 8, 9: Kerbbreite ≈ 3 mm

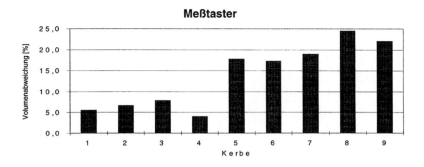

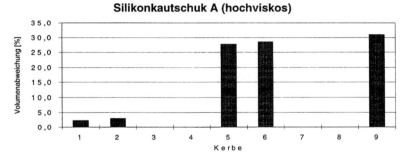

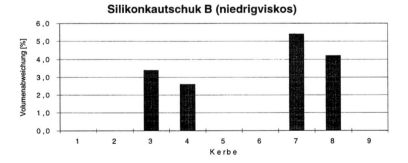

Abb. A 5.4: *Kerbvolumenabweichung in bezug auf die Volumenbestimmung mit Wasser.*

Kerbe 1, 2, 3, 4:   Kerbbreite ≈ 20 mm

Kerbe 5, 6, 7, 8, 9:   Kerbbreite ≈ 3 mm

Optische Beschreibung der Abtragsflächen

Probekörper Nr.	planmäßige Beton-Festigkeitsklasse	Betonfestigkeit $cal\beta_{w200}$ [N/mm²]	Wasserdruck [MPa]	Abtragsfläche Bruch	Abtragsfläche Rund	Abtragsränder Bruch	Abtragsränder Rund	Beschreibung der Fläche
21 I	B 35	35	105	X		X		unebene Fläche, mittlere Zuschlagmenge sichtbar, Ausspülungen von Zuschlag
21 II	B 35	47	105	X		X		unebene Fläche, mittlere Zuschlagmenge sichtbar
23 I	B 45	38	105	X		X		ebene Fläche, viel Zuschlag sichtbar
24 I	B 25	30	105		X	X		unebene Fläche, viel Zuschlag sichtbar, viele tiefe Ausspülungen
24 II	B 25	30	195	80%	20%	X		ebene Fläche, viel Zuschlag sichtbar, viele tiefe Ausspülungen, hervorstehende Spitzen
28 I	B 35	30	105		X	50%	50%	unebene Fläche, viel Zuschlag sichtbar
28 II	B 35	30	195		X	X		ebene Fläche, viel Zuschlag sichtbar
39 I	B 45	42	195	X		X		ebene Fläche, mittlere Zuschlagmenge sichtbar, viele tiefe Ausspülungen
39 I	B 45	42	105	70%	30%	X		sehr unebene Fläche, mittlere Zuschlagmenge sichtbar
43 I	B 55	49	105		X		X	ebene Fläche, wenig Zuschlag sichtbar
43 I	B 55	49	195		X	50%	50%	ebene Fläche, viel Zuschlag sichtbar
43 II	B 55	54	105		X	X		unebene Fläche, viel Zuschlag sichtbar
43 II	B 55	54	195	X		X		ebene Fläche, viel Zuschlag sichtbar
55 I	B 55	38	105	50%	50%	X		unebene Fläche, wenig Zuschlag sichtbar
55 II	B 55	38	195	50%	50%	X		unebene Fläche, wenig Zuschlag sichtbar, hervorstehende Spitzen

Oberflächenzugprüfungen an wassergestrahlten Probekörpern:

Spezifikation des Auffütterungsmörtels /35/:
Bezeichnung: Concretin standfest
Lösemittelfreier, mit Quarzsand gefüllter Zweikomponenten-Epoxidharzmörtel mit formuliertem Amin-Härter.
Dichte: 1,7 g/cm³
Größtkorn: 1,2 mm

Spezifikation der Haftbrücke /35/:
Bezeichnung: Concretin KSH-thix Korrosionsschutz Haftbrücke
Lösemittelfreies, zementhaltiges Zweikomponenten System auf Epoxidharzbasis mit formuliertem Amin-Härter.
Dichte: 1,75 g/cm³

Spezifikation des Haftzug-Prüfgerätes:

Gerät A:	Herion HP-EM, Zugkolben 320 kp
Kraftanstiegszeit (gewählt):	30 sec
Kraft-Anstiegsgeschwindigkeit (Ablesung Eichkurve):	100 N/sec
Kolbenfläche:	1963 cm²

Gerät B:	Herion HP-EM, Zugkolben 1000 kp
Kraftanstiegszeit (gewählt):	40 sec
Kraft-Anstiegsgeschwindigkeit (Ablesung Eichkurve):	250 N/sec
Kolbenfläche:	1963 cm^2

Beispiele für die graphische Darstellung der statistischen Auswertungen mit dem Auswertungsprogramm

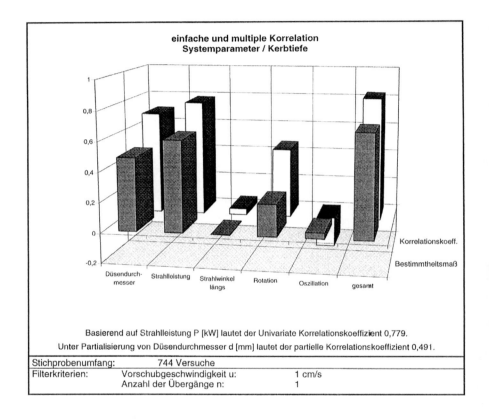

Abb. A 8.1: Beispiel für die Anwendung des Auswertungsprogramms, Korrelationsanalyse mit Partialisierung eines einzelnen Parameters.

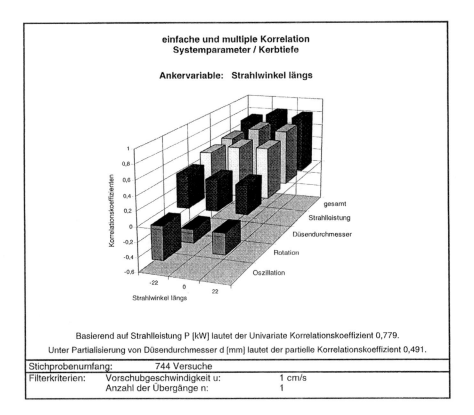

Abb. A 8.2: Beispiel für die Anwendung des Auswertungsprogramms, erweiterte Korrelationsanalyse unter Zugrundelegung einer Ankervariable.

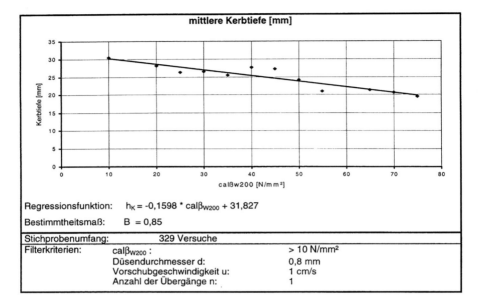

Abb. A 8.3: Beispiel für die Anwendung des Auswertungsprogramms, Streudiagramm.

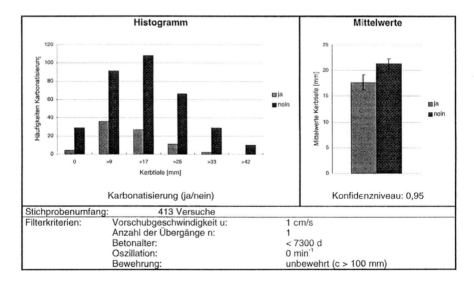

Abb. A 8.4: Beispiel für die Anwendung des Auswertungsprogramms, univariate Analyse mit Histogramm und Mittelwertdiagramm.

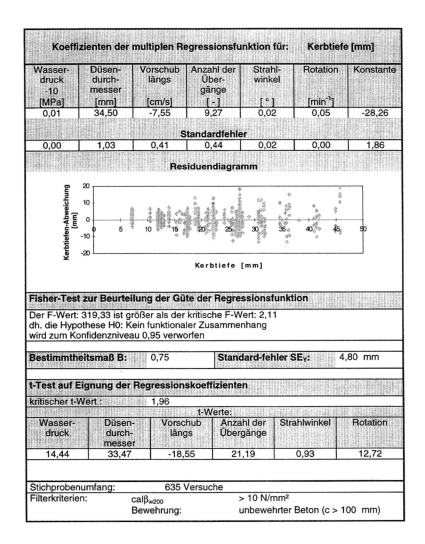

Abb. A 8.5: Beispiel für die Anwendung des Auswertungsprogramms, multiple Regression.

Anlage 8

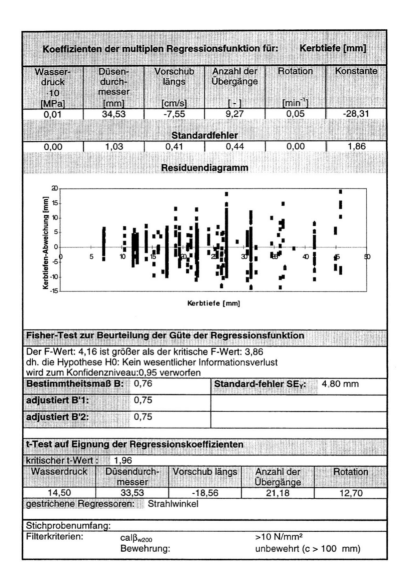

Abb. A 8.6: Beispiel für die Anwendung des Auswertungsprogramms, erweiterte multiple Regression nach Modellreduktion.

Untersuchungen zur Strahlbewegung

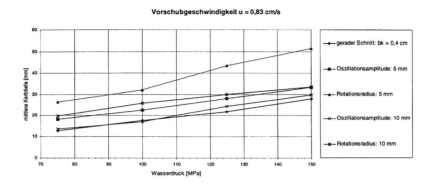

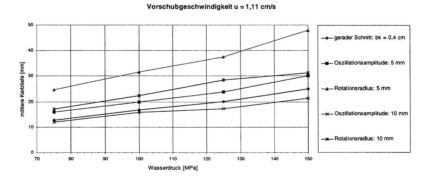

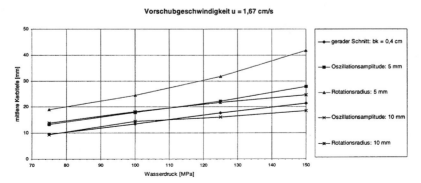

Abb. A 9.1: An Mörtelprismen erzielte mittlere Kerbtiefenergebnisse bei Variation von Rotationsradius, Oszillationsamplitude und Wasserdruck nach /23/.

Anlage 9

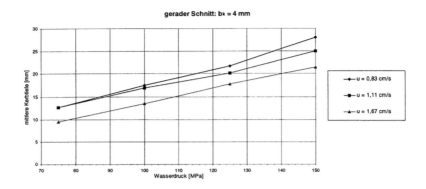

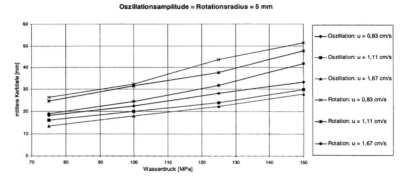

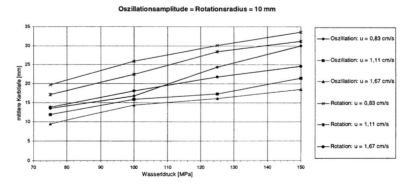

Abb. A 9.2: An Mörtelprismen erzielte mittlere Kerbtiefenergebnisse bei Variation von Strahlbewegung, Wasserdruck und Vorschubgeschwindigkeit nach /23/.

Parameterlisten

Liste B: Bewehrungssituation der Probekörper

Liste V: Systemparametereinstellungen der Einzelversuche

Liste E: Ergebniszusammenstellung

Die Parameterlisten sind dem Band II dieser Arbeit beigefügt.
Einzusehen am Institut für Baumaschinen und Baubetrieb
der RWTH Aachen